JN083734

ネット技術の新常識

はじめに

「5G」や「Wi-Fi6」などの新しい高速な通信環境が整い、「クラウド」の需要もさらに加速していくことでしょう。

また、コロナ禍によるテレワークに必要性も高まるなど、今まで以上にネットワーク技術が必要とされてきています。

本書では、「クラウド仕組みや代表例」「5Gの特徴」「テレワークのはじめ方」「セキュリティ」など多方向から新しいネットワーク技術を解説しています。

編集部

[主な内容]

第1章　クラウド技術

「AWP」「Azure」「GCP」の三大クラウドをメインに、比較や現状について解説。

第2章　5G

「5Gの特徴」や、それを利用したサービスなどを解説。

第3章　テレワーク/Wi-Fi

「テレワークのはじめ方」「導入事例」や、「Wi-Fi6」などを紹介。

第4章　セキュリティ

「コロナ接触感染アプリ」「Zoom」などのアプリのセキュリティ面や新たな脅威などを解説。

終章　未来の通信技術

これまでの通信技術を振り返るとともに、「6G」などの将来的な技術を解説。

ネット技術の新常識

CONTENTS

はじめに……3

第1章 クラウド技術……7

クラウドの仕組み……8
3大クラウドサービス……15
「クラウド」の覇権争いと、今後の行方……22
さまざまな「オンライン・ストレージ」サービス……31
「Webアプリケーション」「クラウド・アプリケーション」……40
GPUクラウド……45

第2章 5G……55

大幅にパワーアップした5Gの特徴……56
スマホ、タブレット、PCデバイスの世界……65
「Face Sharing」「BodySharing」……68

第3章 テレワーク/Wi-Fi……73

「テレワーク」のはじめ方……74
「テレワーク」を可能にする技術の活用……80
ビデオ会議ツールとテレワーク推進事業（総務省）の課題……84
変わるホームワイヤレスネットワーク……88
「無線LANルータ」の選び方……94

第4章 セキュリティ……101

「コロナ接触確認アプリ」のセキュリティ面……102
オンライン会議サービス「Zoom」の落とし穴……111
危険ななりすまし攻撃「BIAS」……120
すでに現実化している「GPS」の妨害・偽装……126

終章 未来の通信技術……133

索 引……142

第1章

クラウド技術

在宅ワークの高まりから、クラウドの必要性も増してきています。

ここでは、「AWP」「Azure」「GCP」の三大クラウドをメインに、比較や現状について解説していきます。

クラウドの仕組み

基本とその「メリット」「デメリット」 ■ 勝田有一朗

まずは「クラウド」について、その概要や“メリット”“デメリット”を見ていきましょう。

「クラウド」とは

■「クラウド」≒「インターネット・サービス」

「クラウド」の語源には諸説ありますが、ITエンジニアが「インターネット」を指す図記号として「雲」(クラウド)の図形があります。

そのことから、インターネット上でアプリケーションやデータの処理を行なうことを総称して「クラウド」と呼ぶようにした、と言われています。

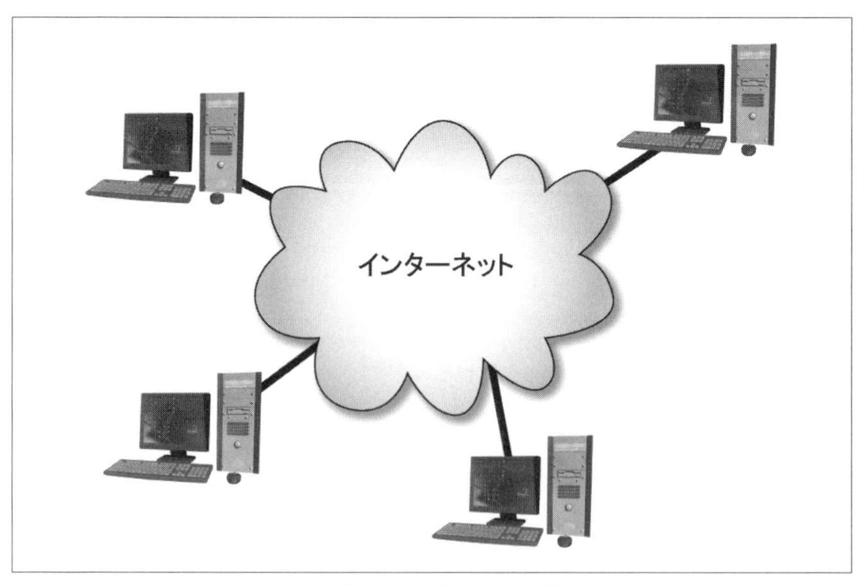

インターネットといえば「雲」だった

もう少し突っ込むなら、そこから転じて「インターネット回線(と端末)さえあれば、利用者がいつでもどこでも自由にサービスを利用できる」というのが、「クラウド」だと言えるでしょう。

■「クラウド」以外の「インターネット・サービス」

クラウド以前にも、世にはさまざまな「インターネット・サービス」が存在していました。このような昔ながらの「インターネット・サービス」は、「自社サーバ」や「ホスティング」といった手段で提供されています。

いずれも、「クラウド」とは運用形態やコストなどがまったく異なるので、「サービスを展開する側」は「クラウド」との違いを理解して、適材適所に使い分ける必要があります。

つまり、「クラウド」は、ホスティングなどと並ぶサービス提供手段の1つにすぎないのですが、「消費者目線」ではそれらを区別できず、全部ひっくるめて「インターネット上のサービス＝クラウド」と呼ぶようにもなってきました。

このような齟齬（そご）がクラウドの理解を阻んでいるのかもしれません。

■ さまざまな「クラウド形態」

ここで、ひとまず「企業や開発者側の目線」に立ってみると、クラウドはいくつかの形態に分けて考えられています。

---

① パブリック・クラウド

クラウド事業者が提供する強力なクラウド上で、さまざまな顧客がサービスやアプリケーションを実行するクラウド。

一般的に「クラウド」と言えば「パブリック・クラウド」を指します。

スケールメリットが得られ、コストも安価ですが、セキュリティや障害対応が事業者まかせという面がメリットでもデメリットでもあります。

② プライベート・クラウド

1つの企業（顧客）専用に立ち上げるクラウド。

一般的に外部インターネットには直結せず、「専用ネットワーク」や「VPN」で利用します。

従来のオンプレミス(社内サーバ)をクラウド技術で構築したものとイメージできます。

セキュリティ性が高く、機密情報を扱うのに適していて、「サーバ・リソース」を占有できるのも利点です。

反面、コストは高めになります。

③ ハイブリッド・クラウド

「パブリック」と「プライベート」のいいとこ取りと言える運用形態です。

セキュリティが重要な部分のみ「プライベート」とし、残りを「パブリック」に回すことで、コストを抑えます。

共通点として、いずれも「クラウド」である以上、ネット回線と端末さえあれば利用者がいつでもどこでも利用可能、という部分は変わりません。

■ 3種類のクラウド・サービス

さて、続いて「開発者目線」からクラウドを考える際に、「SaaS」「PaaS」「IaaS」という3つの重要なキーワードがあります。

これはクラウドを利用する際に、どの程度お膳立てされたサービスの提供を受けるかを表わすものです。覚えておいて損はないでしょう。

---

①「SaaS」(サース)

「Software as a Service」の略で、すでに用意されているクラウド・サービスの利用を意味します。

一見、分かりにくいですが、私たちが普段利用している「Gmail」や「Dropbox」といった、さまざまなクラウド・サービスが「SaaS」にあたります。

「消費者向けのクラウド」と、言えるでしょう。

②「PaaS」(パース)

「Platform as a Service」の略で、(a)アプリケーションの開発、(b)実行に必要なインフラ、OS、ミドルウェア――を、事業者が提供します。

開発の土台が整っており、すぐにアプリケーション開発へ取りかかれます。
当然ながら、利用にはアプリ開発スキルを必要とする、**開発者向けのクラウド**です。

③「IaaS」(イアース)
「Infrastructure as a Service」の略で、クラウド・サービス展開に必要なネットワークやストレージなどの**インフラのみを事業者が提供**します。

そこへ構築するOSや開発環境は、すべて**開発者側が面倒を見る**必要があります。
多くのスキルと手間が必要な反面、開発環境などのミドルウェアを選択できる自由度の高さが特徴です。

	SaaS	PaaS	IaaS
アプリケーション	○		
ミドルウェア	○	○	
OS	○	○	
仮想サーバ	○	○	○
ネットワーク/インフラ	○	○	○
必要スキル	低	中	高
カスタマイズ自由度	低	中	高

「SaaS」「PaaS」「IaaS」の違い

クラウド利用のメリット

■ 便利なオンライン・ストレージ
最も身近にクラウドの恩恵を感じるものと言えば、やはり「オンライン・ストレージ」ではないでしょうか。

スマホの写真をクラウドにアップすることで、ストレージ残量を気にせず撮影できるメリットを享受しているユーザーは多いと思います。

クラウド上のデータは複数の端末や複数のユーザーで共有できるので、

ローカルにデータを残しておくよりも、多くの活用が望めます。

また、バックアップという観点からも、オンライン・ストレージは優れています。

クラウドを過信するのもダメですが、「ローカル」と「クラウド」で二段構えのデータ冗長性をもたせるのは、非常に有効です。

■ サーバ能力の「スケール・アウト」

「クラウド・サービス」提供側の目線では、「サーバ能力の自由なスケールアウト」がクラウドの大きな魅力です。

一時、「クラウド=サーバ仮想化技術」とも言われていたように、仮想化技術はクラウドの根幹です。

「クラウド事業者」が「顧客」へ提供するのは「仮想サーバ」なので、「パラメータ」の変更のみで簡単にサーバの能力を増減できます。

導入コストが抑えられ、特定の時期のみサーバ増強するといった柔軟なスケールアウトにも対応できるのはクラウドの強みです。

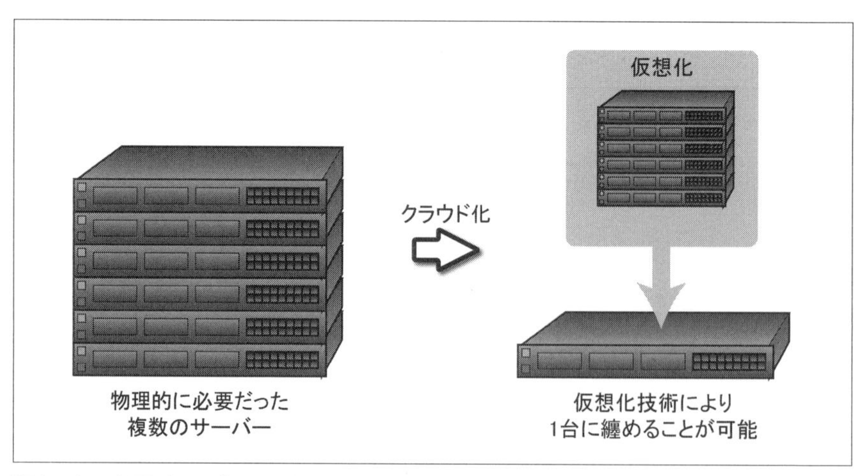

顧客ごとに必要だった「異なる物理的なサーバ」を「仮想化」でまとめれば、「クラウド事業者」としても「小型集積化」を達成し、「低コストでサービス提供」できる

クラウド利用のデメリット

■「オンライン・ストレージ」のデメリット

便利な「オンライン・ストレージ」ですが、いくつか気になる点、注意点もあります。

*

まず、「オンライン・ストレージ」の利用には、「大容量のファイル転送」が伴います。

スマホで携帯電話回線を使う場合、簡単に通信容量制限をオーバーすることも考えられます。

また、データの「バックアップ」について、「オンライン・ストレージ」側では二重三重の冗長化が行なわれていますが、それでも100%安全ではありません。

データの保証を謳(うた)っているサービスも基本的にはないので、ローカルへのバックアップや「複数オンライン・ストレージ」への冗長化はユーザー責任で行ないましょう。

*

それと、最近、「オンライン・ストレージ」は、ファイルを無断で検閲しているという話もよく耳にします。

違法ファイルを除外するための措置ですが、関係のないユーザーにとっては、あまり気分の良いものではないでしょう。

違法ファイルからサービスを守るために仕方のないことだと、ある程度割り切る必要はあります。

■ セキュリティ上の問題

多くの「クラウド・サービス」は、セキュリティに必要以上の対策を講じていますが、それでも絶対安全とは言い切れません。

近年騒がれているインテル製CPUの脆弱性(ぜいじゃく)も、クラウドのセキュリティに直接影響があるため大きく取り沙汰されていました。

この脆弱(ぜいじゃく)性を利用すれば「サイドチャネル攻撃」によって、本来完全に分断されているはずの仮想環境の壁を越えて他の仮想環境(他顧客)のパスワード・メモリ領域を読み取れるかもしれないというものです。

*

1つのサーバに複数の「仮想環境」が同居する「クラウド」では、このテの危険性は常に残り続けるでしょう。

重要な機密情報の扱いには「プライベート・クラウド」の導入などが必要です。

クラウドの総括

クラウドについて総括すると、

- 「クラウド」は「インターネット上」のサービス。
- 便利なアプリ、開発環境が揃っていて、顧客ごとに適したサービスを展開。
- 仮想化技術は最適なコストで最大限のサーバ・リソースを提供。
- 一方で、仮想化技術特有のセキュリティ問題も潜伏。
- 大容量オンライン・ストレージは消失時のリスクも大きいので、要自衛。

となるでしょうか。

クラウドで提供されるサービスは便利なものばかりですが、潜在リスクを理解し、「赤の他人にデータを預けている」という自覚をもって運用するのが大事と言えるでしょう。

ghtsail」というサービスが、「仮想マシン」「ストレージ」「ア
どを一括提供してくれます。

Lightsail をお試しください

Amazon Lightsail は、AWS を利用してウェブサーバーを起動および管理するための最も簡単な方法です。Lightsail には、仮想マシン、SSD ベースのストレージ、データ転送、DNS 管理、静的 IP アドレスなど、ウェブサイトをすばやく開始するために必要なものがすべて含まれており、予測可能な低価格で提供されます。
数回クリックするだけでお客様のウェブサイトに Lightsail を導入できます。ウェブサイトに最適なオペレーティングシステムまたはアプリケーションのテンプレートを選択すれば、1 分もかからずに仮想プライベートサーバーの準備が整います。Lightsail コンソールから直接、簡単にウェブサーバー、DNS、IP アドレスを管理できます。

Lightsail を無料で 1 か月お試し

るサービス「Lightsail」が Web サイトの作成や管理を一括担当

pp Service

Web」というソリューションが提供されており、そこから
ervice」というサービスにたどり着きました。

zure のソリューションにもシンプルな「Web」がある

ogle App Engine

Veb ホスティング」は「中小企業向けソリューション」の位

Web サイトのためには「Google App Engine」が健在で、
には「Google Compute Engine」サービスがあります。

3大クラウドサービス

「AWS」「Azure」「GCP」を比較

■ 清水 美樹

「クラウド・サービス」の三大手は「Amazon Web Service」「Microsoft Azure」「Google Cloud Platform」だと言われています。
この記事では、三者の優劣ではなく、どんな特徴があるかを比較してみました。

歴史

■ Amazon Web Service(AWS)

西暦 2000 年頃、クラウドの前身とも言える、「Web サービス」という技術が提唱され、それをいち早く実操業に取り入れたのが「アマゾン」でした。

最初の最初は「所定のアドレスに GET 要求を送ると、アマゾンの製品カタログを XML 形式で受け取れる」という、公開実験的なサービスで、覚えている方もいかと思います。

AWS ホームページ
製品のカテゴリだけでも、これだけある。

そこから、2006 年の仮想ストレージ「S3」、翌年の仮想 Linux 環境「EC2」のサービスに発展し、現在はいろいろな「クラウド・サービス」に成長しています。

「クラウド・サービス」では、サービスの種類が「製品」と呼ばれています。

AWS ホームページ
https://aws.amazon.com/jp/

■ Microsoft Azure

Microsoft Azure の「Azure」は「紺」を意味し、Windows や MS Office の伝統的な青色を思い出させます。

「クラウド・サービス」は、仮想化技術「**Hyper-V**」や、「.NET」のミドルウェア、「**SQL Database**」などから発展し、2010年に稼働開始しました。

Microsoft Azure ホームページ
「赤と黒」の AWS に対し、「青」を基調としたカラフルな色合い。

■ Google Cloud Platform(GCP)

Google が提供するこのサービスは、2006年から提供された Web アプリケーション・フレームワーク「**Google Web Toolkitl(GWT)**」が起源と思われます。

GWT の実稼働環境として、2011年に操業を開始した「Google App Engine」というものは、今も **GCP** の一部として稼働しています。これに「ビッグデータ」「AI」のような Google の得意技が加わり、今のような広範なサービスになりました。

Google Cloud Platform ホームページ
https://cloud.google.com/products?hl=ja

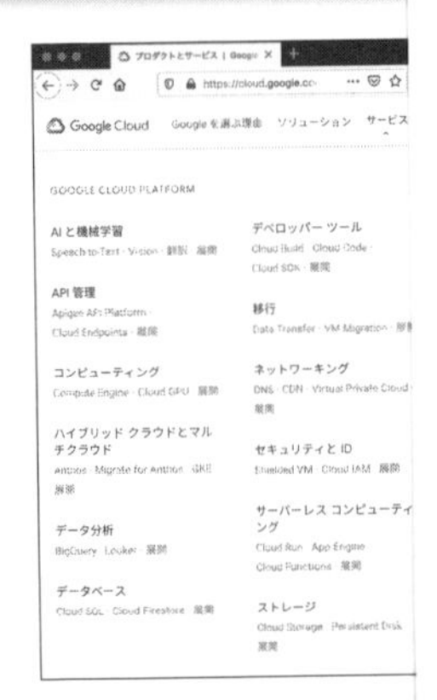

シンプルな検索画面が好評を博した
デザインの

いずれも、ものすごい数のサービス
例を考えてみましょう。
また、「料金」については、扱わな

Web

■ AWS-Lightsail

いわゆる"シンプルな Web サイト

クラウドの 華々しい技術用語が並

「ユースケース」で探すと「ただの Web サ

「Amazon L
ドレス管理」な

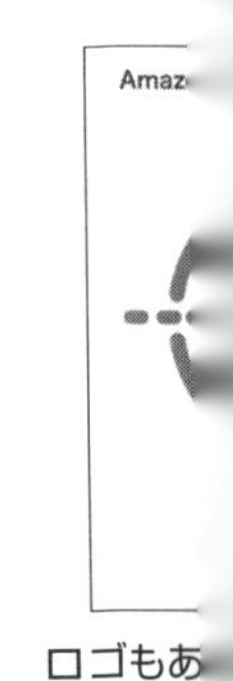

ロゴもあ

■ Azure-A

Azure でも
「**Azure App S**

■ GCP-Go

GCP では「
置付けです。

最も小規模な
より高速な稼働

開発環境

■ AWS-Cloud9 IDE

AWS アプリのためのプログラム環境は「**Cloud9**」です。

もともと、他社がオープン・ソースで提供していたサービスですが、**AWS** に買収されました。

「**Cloud9**」は、具体的にはLinuxにいろいろなプログラミング言語の開発環境とともにインストールしたIDEのインターフェイスだけをブラウザで開いて操作するものです。

IDEの付属のターミナル以外に、下部にあるLinuxを操作する方法はありません。

「AWS Cloud9」のインターフェイスの説明図
Webブラウザでこういうものを表示させて操作する。

■ Azure-Visual Studio

Azure ではローカルコンピュータのVisual Studioで落ち着いて開発し、完成したら **Azure** にデプロイできるのが大きな魅力です。

Visual Studioのワークロードで「Web開発」「Azure開発」をインストールすればよい

■ GCP-CLI か IntelliJ

GCP では、コマンドで操作する Google Cloud SDK が広く用いられています。

IDE を使うなら、JetBrains 社の開発ツール「IntelliJ IDEA」に GCP 用のプラグインをインストールします。

機械学習

■ AWS-SageMaker と Lambda

「機械学習」の計算には、高速で長時間安定稼働するプラットフォームが必要。

そのため、で、研究機関や企業でさえも、自前の環境を調達するのは難しいと言われています。

機械学習に AWS を利用するなら、「SageMaker」というモデル構築→学習→テストを一括して行なえる環境があります。

GUI の操作画面「SageMaker Studio」が利用できます。

おなじみ、「Jupyter Notebook」も組み込まれています。

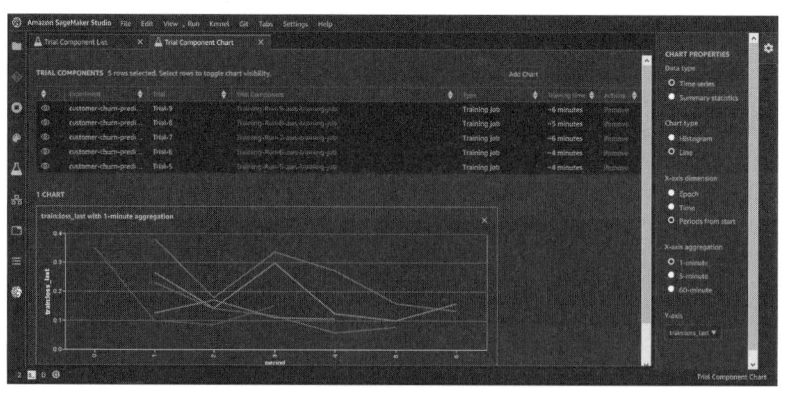

「Amazon SageMaker」上での機械学習モデルのトレーニングの様子

学習のための関数を書いたバッチ・スクリプトを実行するには、「Amazon Lambda」という関数実行専門のサービスがあります。

■ Azure-Cognitive サービス

Azure にも機械学習用のプラットフォームはありますが、特徴的なのが、顔認識や自然言語解析などのシステムに接続するだけで、AI アプリケーションを作成できる「**Coginitive（認識）サービス**」です。

たとえば、**次の図**のように画像（URL で示すのが簡単）を指定すると、認識した情報を「JSON 形式」で送り返してくれます。

＊

Azure では、このようなサービスに接続する API が提供されています。

FEATURE NAME:	VALUE
Objects	[{ "rectangle": { "x": 34, "y": 283, "w": 73, "h": 62 }, "object": "Tableware", "confidence": 0.521 }, { "rectangle": { "x": 106, "y": 10, "w": 210, "h": 219 }, "object": "plant", "confidence": 0.642 }]
Tags	[{ "name": "table", "confidence": 0.994518042 }, { "name": "window", "confidence": 0.971302032 }, { "name": "vase", "confidence": 0.9592751 }, { "name": "furniture", "confidence": 0.901524663 }, { "name": "tableware", "confidence": 0.877838254 }, { "name": "houseplant", "confidence": 0.876524 }, { "name": "flowerpot", "confidence": 0.8505036 }, { "name": "coffee", "confidence": 0.790066242 }, { "name": "coffee table", "confidence": 0.72623986 }, { "name": "dining table", "confidence": 0.107378095 }]

画像使用

■ GCP-TPU

GCP での機械学習で、特徴的なのは何と言っても Google が開発した“機械学習用の演算ユニット”、「TPU」でしょう。

GCP には、この「TPU」を用いるサービスあります。

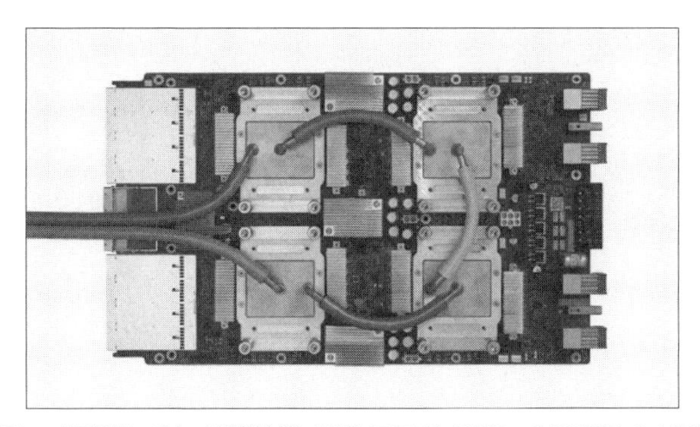

「Cloud TPU v3」。演算性能 420 テラ FLOPS、128GB の HBM

「クラウド」の覇権争いと、今後の行方

3大クラウドサービス「AWS」「Azure」「GCP」 ■ 御池 鮎樹

2000年代に普及を始めた「クラウド」は、いまやトレンドというレベルを超え、あって当たり前の存在となりつつあります。

本稿では、「クラウド市場」における各ベンダーの覇権争いの現状と、なぜ「クラウド」がこれほどもてはやされるのか、今後どうなっていくのかを説明します。

「クラウド」覇権争いの現状

「3大クラウドサービス」と呼ばれる、①Amazonの「**AWS**」(Amazon Web Service)、②Microsoftの「**Azure**」、そして、③Googleの「**GCP**」(Google Cloud Platform) が激しい覇権争いを繰り広げているクラウド業界。

まずは、「クラウド業界」の現在の市場シェアについて見てみましょう。

*

米国のIT市場調査会社「Synergy Research Group」の調査によると、ここ数年の「クラウド業界」の市場シェアは、図のように推移しています。

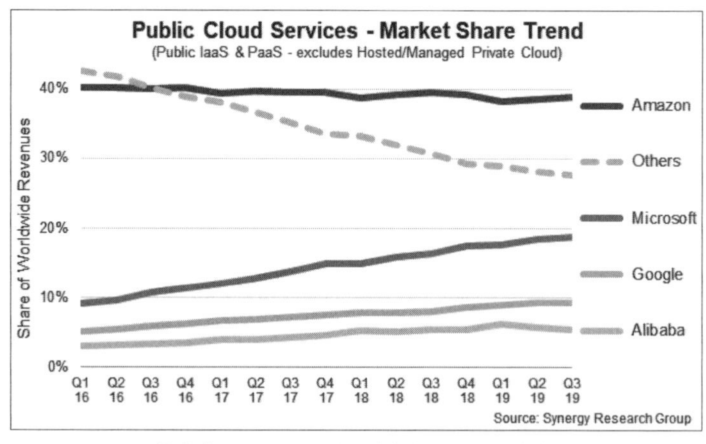

「パブリック・クラウド市場」のシェア推移
(Synergy Research Groupより)

■ No.1の「AWS」、猛追する「Azure」「GCP」

まず、常に圧倒的トップの座を占めているのが、Amazonの「**AWS**」です。
「AWS」の市場シェアは、2016年から最近に至るまで、常に4割程度と安定しています。

*

ちなみに、2006年にサービスを開始した「**AWS**」は、数ある「クラウド・サービス」の中でも最古参、先駆けと言える存在です。
その上で、先行の有利さに甘んじることなく、矢継ぎ早に機能やサービスを拡大し続けることで、多くの顧客を獲得。
現在に至るまで、シェアNo.1の座を維持しています。

*

対して、2位に付けているのはMicrosoftの「**Azure**」です。

かつては「Windows Azure」と呼ばれていた「Azure」のシェアは、2019年第3四半期時点で20％弱と「AWS」の半分以下ですが、特筆すべきはその「伸び率」です。

2016〜2019年の3年間で、「AWS」のシェアがほぼ横ばいであるのに対して、「Azure」は10％弱から20％弱へと倍増。

加えて、2019年12月にGoldman Sachs社が企業幹部を対象に行なったアンケート調査でも、「Azure」は「AWS」を抑えて、「いちばん人気のクラウド・サプライヤー」と評価されています。
この勢いは今後も続きそうで、2022年ごろには「AWS」を抜くのではないかと予想する向きもあります。

*

そして、3番手に付けているのが、Googleの「**GCP**」です。

「GCP」は、サービスのスタートは2008年と「AWS」に次ぐ古参なのですが、長く開発者サポートに重点が置かれていたこともあって、市場シェアはなかなか伸びませんでした。

しかしながら、2015年ごろから機能やサービスを急速に充実させ、2016〜2019年の3年間のシェア伸び率は「Azure」と同様、ほぼ倍増。

現在では、「クラウドBIG3」の一角へと成長しました。

ちなみに、Googleのクラウドサービスは「AI」や「機械学習」、ビッグデータ関連の研究や活用に特に力を入れているため、今後のAI技術の進化次第では、一気にスターダムにのし上がる可能性があります。

*

なお、4位の「**Alibaba**」は、これはほぼそのまま、中国経済の成長を表わすものです。

中国では政府によるネットワーク制限により海外サービスが利用しづらいため、中国の「パブリック・クラウド」のシェアはグローバルとはまったく異なる様相となっており、

1位はAlibaba「Alibaba Cloud」(阿里云)
2位はTencent「Tencent Cloud」(騰訊云)
3位はSinnet「Sinnet-AWS」

つまり、中国企業Sinnetをパートナーとして展開する「AWS」、という順になっています。

Public Cloud Leadership – APAC Region

Rank	Total APAC Region	China	Rest of Region
Leader	Amazon	Alibaba	Amazon
#2	Alibaba	Tencent	Microsoft
#3	Microsoft	Sinnet-AWS	Google
#4	Tencent	Baidu	Alibaba
#5	Google	China Telecom	Fujitsu
#6	Sinnet-AWS	China Unicom	NTT

Based on public IaaS and PaaS revenues in Q1 2019

Source: Synergy Research Group

「東アジア」地域の「パブリック・クラウド」
(Synergy Research Groupより)

ますます加速する「クラウド市場」

以上がクラウド覇権争いの現状ですが、では、「クラウド市場」自体の伸びはどうでしょうか。

＊

米国のIT市場調査会社「Gartner」は毎年、クラウド市場の収益と今後数年間の予測を発表しており、2019年11月に発表された最新情報をグラフにしたものが、以下の図です。

これによると、Gartnerはクラウド市場の収益を、2018年の計1,967億米ドルに対して、2022年には1.8倍、計3,546億米ドルまで成長すると予測しています。

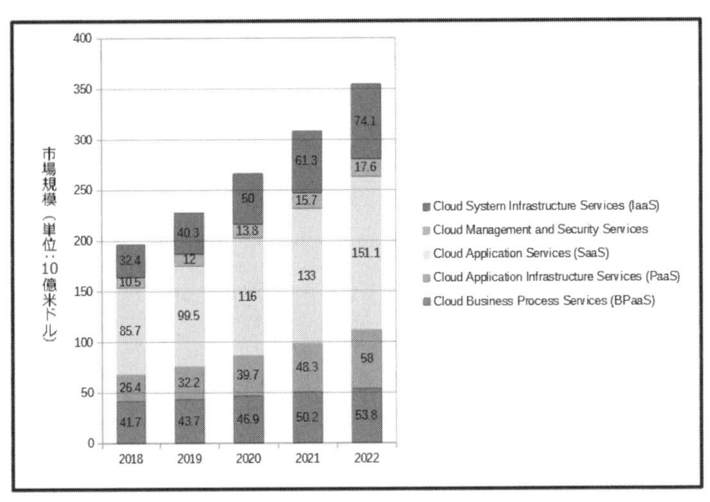

クラウド市場規模の推移（予測含む）
（Gartner社が発表したデータより作図）

＊

なぜ、クラウド市場の伸び率は、これほど高いのでしょうか。

その理由は、既存サービスがクラウドに置き換えられつつあるからです。

■アプリのクラウド化「SaaS」

たとえば、アプリです。

かつてのビジネスアプリは、パッケージで販売される買い切り型のスタンドアローンが主流でした。

しかし現在では、モバイル端末を駆使する現在のビジネスと親和性が高い「SaaS」が急速に存在感を増しており、その波に乗って成功した典型例がMicrosoftの「Office」です。

「Microsoft Office」は、かつては買い切り型パッケージで販売されていましたが、現在ではサブスクリプション方式の「SaaS」である「Office 365」が主力になっています。

導入コストが安く、モバイル環境と親和性が高い「SaaS」は、ユーザーにとって魅力が大きいサービスです。

ベンダーにとっても、頻繁なアップデートや脆弱性対策、海賊版防止といった点で、非常にメリットの大きい形態です。

Microsoftは「Office」の「SaaS化」によって、Office部門の収益を大幅に向上させることに成功しました。

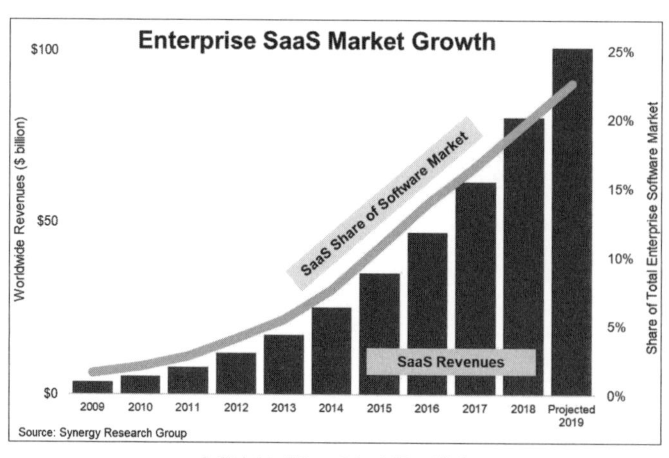

企業向け「SaaS」市場の推移
(Synergy Research Groupより)

ちなみに、この図は、Synergy Research Groupによる企業向け「SaaS」市場の推移ですが、わずか10年間で恐ろしいほど市場が拡大しているのが分かります。

もちろん、従来型の「買い切り型ソフトウェア市場」も拡大してはいますが、その伸び率は年間平均だとわずか4%にすぎません。

2019年現時点ではまだ、「SaaS」がビジネスソフト全体に占める割合は二十数%ですが、「SaaS」と買い切り型の比率は早晩逆転するはずで、将来的にはソフトウェアと言えばほぼ「SaaS」という時代が、おそらくやってくるでしょう。

■ 社内コミュニケーションのクラウド化「UCaaS」

次に、「社内コミュニケーション」です。

＊

オフィスには、「固定電話」や「モバイル端末」「内線通話」「メール」「IM」「Web会議」「ビデオ会議」など、さまざまなコミュニケーション・ツールが備わっており、これらは現在のオフィスには欠かせないツールです。

この種の「社内コミュニケーションツール」を一括管理するシステムは「UC」(Unified Communication)と呼ばれ、かつては「オンプレミスで実現されていました。

しかし、こちらも現在では徐々にクラウド化が進んでいます。

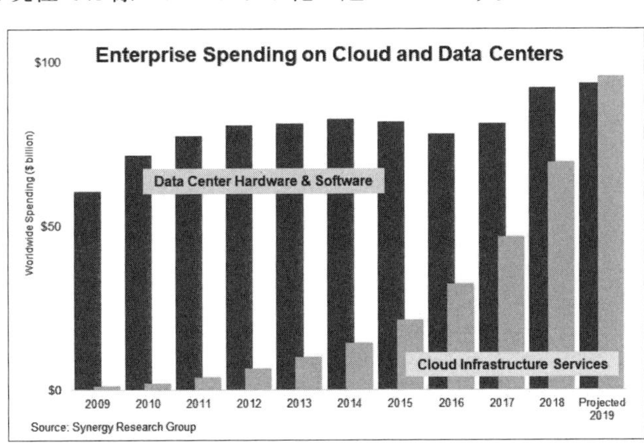

企業の「UC」関連支出の内訳推移
(Synergy Research Groupより)

図5は、「Synergy Research Group」による、企業の「UC」関連支出先の内訳を含む推移を示すグラフです。

見れば分かるように、「UC」への資金投入自体は年々、かなりの勢いで伸びています。

ですが、にもかかわらず、「オンプレミス」型は、現在、漸減傾向にあり、ホステッドやクラウドの比率が急速に増加しています。

＊

かつて「UC」は、「IP-PBX」や「UCサーバ」、専用ソフトをオンプレミス環境に導入することで構築される巨額の初期投資を伴うシステムでした。

しかし、現在ではこういった手法はすでに時代遅れとなり、「UC」のクラウド化、すなわち「UCaaS」が主流となりつつあります。

■ 企業のIT支出も「データセンター」＜「クラウド」に

最後に、「データセンター」と「クラウド」についてのデータも紹介します。

＊

図は、やはり「Synergy Research Group」による過去10年間の、企業による「データセンター」と「クラウド」、それぞれに対する支出の推移です。

「Synergy Research Group」によると、2019年はおそらく、「クラウド向け」の支出が「データセンター向け」のそれをはじめて上回る年となりました。

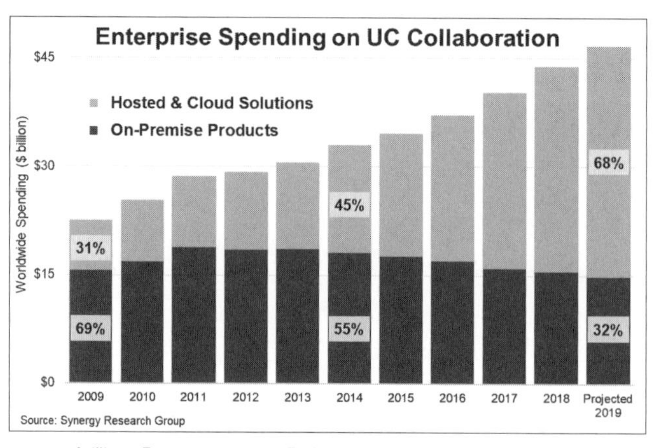

企業の「クラウド」と「データセンター」への支出推移
(Synergy Research Groupより)

この10年間でIT機器は長足の進化を遂げ、「ビジネス・アプリケーション」は高度化・複雑化し、結果としてネットワークを流れるデータ量は爆発的に増加しました。

そのため、企業のサーバ関連の支出は年々増え続けているのですが、実はデータセンターへの支出は過去10年間に渡ってほぼ横ばい。
その伸び率は平均すると、年4%程度に過ぎません。

それに対して、「クラウド」への支出額は、2009年のほぼゼロから、2019年には1,000億米ドル近くまで急成長。
その伸び率は平均すると50%を大きく上回っており、ついに2019年、「データセンター」への支出を上回るほどにまで成長しました。

つまり、現在では「企業のサーバ関連の支出」は、半分以上が「クラウド」に注ぎ込まれているわけで、「Goldman Sachs」はすでに企業のワークロードの23%が「パブリック・クラウド」上に移行しており、2022年にはこの数値は43%まで上昇すると、予想しています。

「クラウド化」するオフィス

年初からの新型コロナウイルス流行もあり、場所や時間の制限を受けずに働ける「テレワーク」や「リモートワーク」が、今、以前にも増して注目を集めています。
そして、「テレワーク」や「リモートワーク」と非常に相性がよいのが「クラウド」です。

*

もちろん、「クラウド」は万能ではありません。匿名化されていない生の機密情報の保管は社内サーバのほうが適していますし、「ERP」(Enterprise Resource Planning：企業資源計画) などは、「クラウド・サービス」だと柔軟性が足りない場合があります。

また、EUの「一般データ保護規則」(GDPR) に違反する恐れがあるなど、法的にクラウドに移行しづらいデータも企業には存在します。

加えて、「テレワーク」を法律で「労働者の権利」として明記するテレワーク先進国フランスでも、「テレワーク」が労働生産性向上につながるのは「週1～2日」とされています。

それ以上日数を増やすと、人間関係の構築が難しくなり、社員が孤立感を感じるなどの理由で逆に生産性が下がってしまうとされているからです。

＊

しかし、「週1～2日」の「テレワーク」が労働生産性を向上させることが明らかである以上、可能な部分は「テレワーク」と相性が良いクラウドに移行してしまうほうが、システム全体として効率的です。

よって、今後、クラウドの利用シーンはますます増えていくはずで、もちろんビジネスの基本が人間関係である以上、対面の重要性がゼロになることはないでしょう。

しかし、業種や業務によっては、将来的にはクラウド上にオフィスがある企業、つまり「ネットショップ」ならぬ「ネットオフィス」のようなものも、当たり前の存在となるかもしれません。

さまざまな「オンライン・ストレージ」サービス

目的別ストレージの選び方

■ 英斗恋

スマホが普及し、ファイルを「オンライン・ストレージ」で保存するのが一般的になりました。
個人向けのサービスを利用すると、「PC」「スマホ」「タブレット端末」をまたいで、ファイルを取り扱うことができます。

目的

「オンライン・ストレージ」でのファイル管理は、「保存」「送付」「共同作業」に分類できます。

■ 保存 - バックアップ・移し替え

スマホの「動画」や「写真」を、自動で「オンライン・ストレージ」に「バックアップ」しておくと、突然の故障や機種変更時にデータを失いません。

Apple 製品は、「iCloud」で「写真」「ビデオ」「音楽」「個人データ」をバックアップします。

機種交換の際も、「データの同期」機能によって、自動的に元の機種のデータをコピーします。

現在では、「Android」も「Google アカウント」で指定フォルダをバックアップできます。

■ ファイル送付

「G メール」や「Yahoo! メール」では、Web メール上で添付ファイルの大きさを、「25M バイト」に制限するようになりました。

添付ファイル

エラー

添付ファイルの上限サイズ 25MB を超えています。

「G メール」web 画面から「25M バイト超」のファイルを添付

動画、音楽に限らず、大きめのファイルは、「オンライン・ストレージ」上に置き、ストレージへのリンク情報を引き渡す必要があります。

大きなファイルを、相手に渡すことに特化したサービスも生まれています。

■コラボレーション・ツール

複数の機器から、「オンライン・ストレージ」上のファイルを参照することも多くなりました。

IT 化が進んだ企業では、「文書」を「紙」には印刷せず、会社が契約した「オンライン・ストレージ」に置き、社員は連絡された「ストレージ」へのリンクをたどって、直接文書を読みます。

PC では、「オンライン・ストレージ」と PC の「ローカル・フォルダ」を「同期」させ、ローカル PC の作業を特別意識せずに、共有することができます。

アプリ統合「オンライン・ストレージ」

個人で利用可能なサービスを見ていきます。

■「One Drive」Microsoft 製品との連携

Microsoft「OneDrive」は単体でも契約できますが、「Microsoft Office」の個人年間契約「Office 365 Solo」を申し込むと、1T（テラ）バイトを利用できます。

「Windows PC」に限らず、「Android」「iPhone/iPad」でも、「OneDrive」

アプリをインストールすれば、ストレージに読み書きできます。

特筆すべきは「Microsoft Office」ファイルの再現率の高さです。

*

スマホの「OneDrive」アプリからファイルの中身を表示する際、レイアウトに凝った「PowerPoint」ファイルも正確に表示します。

簡単なプレゼンならば、「OneDrive」アプリの表示ですむレベルです。

「iPad の OneDrive アプリ」から見た「PowerPoint ファイル」

また、「OneDrive」アプリはスキャナ機能をもっています。

*

以下の例は、実験的に極端な取り込み方をしましたが、うまく補正されています。

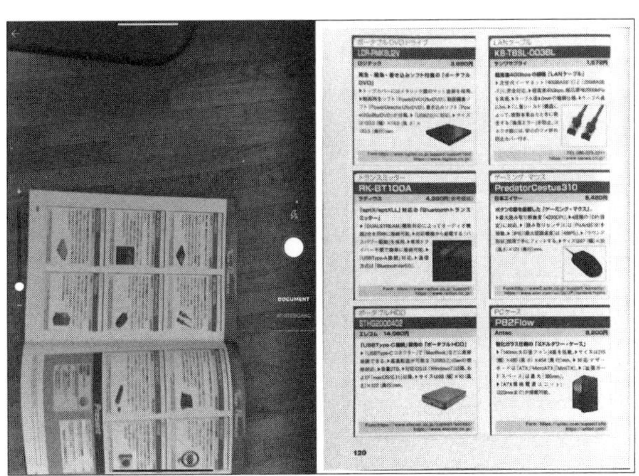

スキャン画面（左）と
取り込み結果（右）

■「iCloud」Apple 製品間の連携

Apple 製品の所有者は、iCloud で製品内のデータをバックアップしていることでしょう。

iCloud もオンライン・ストレージ「iCloud ストレージ」を用意しています。

無償で「5G バイト」、それ以上は月額課金ですが、この容量は「バックアップ・データも含めて」計算します。

動画、オリジナル音楽、写真などを多くスマホに保存＝バックアップしていると、無償の範囲での利用は厳しいでしょう。

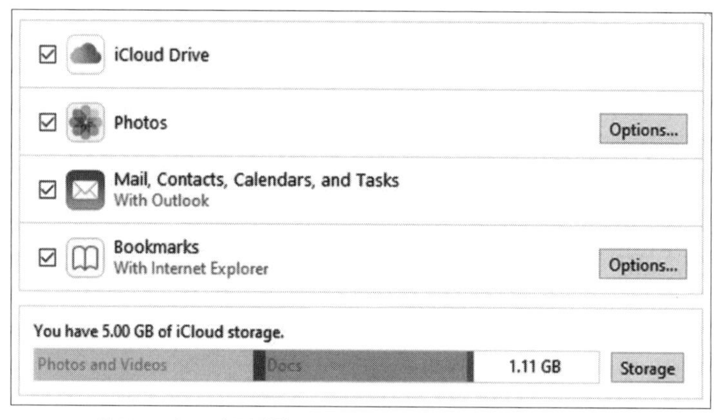

「iCloud」の容量計算、写真・動画・メール・文書を含む

また、Apple 製品では聞きませんが、「Windows」では OS の revision や環境により、「iCloud アプリ」が動作しないことがあるようです。

Apple 製品以外での利用は、「iCloud アプリ」が正常動作するか、事前に確認する必要があります。

＊

「iOS 13.4」以降では、アプリがデータをファイルに保存する際に、「本体」と「iCloud Drive」をシームレスに選択できるようになりました。

ファイルへの保存で「iCloud Drive」を選べるようになった

■「Google Drive」Suite 製品込みのサービス

「Google Drive」は、無償で「15 GB」利用できます。

Office 製品も用意し、「OneDrive」と同等の操作性を意識しているようです。

また、Android スマホでは、Apple 製品の「iCloud」と同様に、「Google Drive」へのバックアップに対応しています。

＊

「Google ドライブ」アプリ内の「バックアップ」設定から、バックアップするファイルを選びます。

Android アプリ「Google ドライブ」の設定メニュー（一部）

■ Dropbox - Linux PC との連携

「Dropbox」は、「Windows」「Mac」だけでなく、「Linux」に正式対応する、数少ないサービスです。

「Windows」「Linux PC」間のファイル共有を、「Dropbox」経由で実現することができます。

ソースはGPLライセンスに基づき公開されていますが、インストールするPCのディストリビューション用のパッケージがあれば、再コンパイルなしにインストールできます。

Ubuntu 14.04 以上（.deb）	64 ビット	32 ビット
Fedora 21 以上（.rpm）	64 ビット	32 ビット
ソースからコンパイルする		

Linux 用パッケージ一覧画面
(https://www.dropbox.com/ja/install-linux)

「無料版」の容量は「2Gバイト」のため、本格的に使うには有料契約が必要でしょう。

■ Amazon Cloud Drive - Echo・Fire TV との連携

Amazonも「Cloud Drive」として「無償で5Gバイト」、「有償で100G～2Tバイト」の容量を提供します。

「Amazon Cloud Drive」は、「Fire TV」、「Echo show」との連携が特徴です。

「Amazon Prime会員」ならば、「写真に限り」容量が無制限で、置いた写真はFire TV、Echo showで表示できます。

たとえば、「Echo Show」では、「アレクサ、写真を表示して」と呼び掛かけ、写真を表示します。

Amazon Echo Show (5.5, 8, 10.1 インチディスプレイ)

ファイル送付

■ ギガファイル便

Web メールの添付サイズに制限があるため、大きなファイルを相手に送るときは、「オンライン・ストレージ」にファイルを置き、相手と共有します。

この場合、「自分のストレージ容量」に「共有ファイルぶんの余裕」が必要です。

「ギガファイル便」(https://gigafile.nu) は、最大「100G バイト」の「ファイル送付サービス」です。

相手にはファイルそのものではなく、「ファイル取得のための URL」を通知します。

また、「無償」である反面、「ファイルの保持期間」に制限があります。

ファイルに URL でアクセスする、時間制限の無償オンライン・ストレージと言えます。

分かりやすいメニューですが、「無償サービス」のためか、メニュー画面の周りに広告が数多く表示されます。

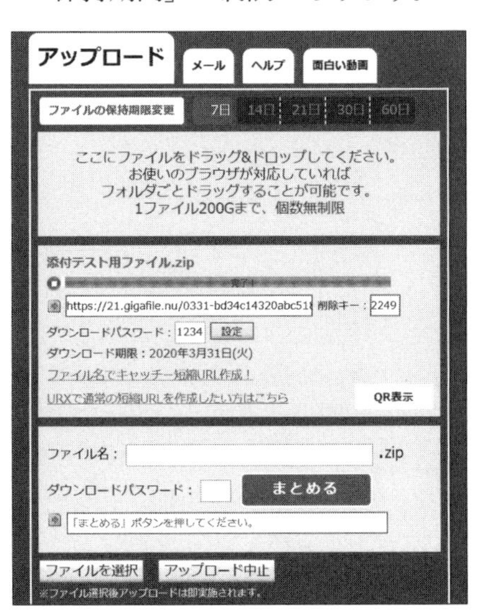

ギガファイル便

セキュリティ特化型「オンライン・ストレージ」

■ MEGA - 暗号化データの保存

「オンライン・ストレージ」にファイルを置くことに、抵抗をもつ方も多いでしょう。

「セキュリティ・レベル」が未確認の外部サイトにデータを置くことを禁止している企業もあります。

ニュージーランド「MEGA」(https://mega.nz) は、「クライアントPC側」で暗号化したイメージを保存する、「End-to-End Encryption」が売りです。

「無償」で「50Gバイト」まで利用できます。

「サーバ側」は「クライアントPC」で設定した「暗号キー」を保持しません。

クライアントPCが送信した暗号化イメージをそのまま受け取り、保存します。

「ダウンロード」時も、イメージは「クライアントPC内で復号化」します。

「パスワード」が「ルート暗号化キー」になる

「クライアントPC」外ではデータが常に暗号化されており安全性が増す反面、「パスワード忘失」時にはストレージ上のデータを読み出せなくなります。

かといって、忘失を恐れて簡単なパスワードにするとセキュリティが発揮できません。
運用方法を慎重に考える必要があります。

- [x] I understand that **if I lose my password, I may lose my data**. Read more about **MEGA's end-to-end encryption.**
- [x] I agree with the MEGA **Terms of Service**

利用申込み時に、「パスワード忘失時にデータを失う可能性」への承諾
(if I lose my password, I may lose my data.)

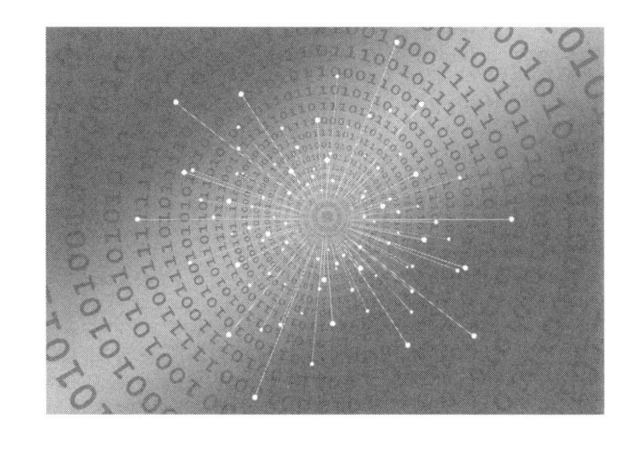

「Webアプリケーション」「クラウド・アプリケーション」

相違点やそれぞれの利用方法

■某吉

「スマホ」や「PC」向けのアプリは、「ネットワーク接続」を前提としたものが増えています。
そのような「クラウド・アプリケーション」と「Webアプリケーション」をとりあげ、互いの相違点やそれぞれの利用方法について解説します。

そもそも「クラウド」とは?

それぞれのアプリケーションを比べる前に、それぞれの言葉を確認します。

*

まず「クラウド」は、比較的新しい言葉で、「クラウド・コンピューティング」のような使われ方をします。
「クラウド」は、2006年にGoogle CEOがした発言が最初だとされています。

「クラウド・コンピューティング」とは、ネットワークの先にある計算資源を利用して、端末で結果を取得する仕組みです。

UNIXのように古くからあるOSでも、入出力をネットワーク経由でやり取りできるように作られています。
この部分の概念は新しいものではありませんが、「クラウド」は「雲」をイメージさせ、特定のサーバの所在を意識させないという意味を含みます。これは従来にはなかった、新しい概念です。

「どこに接続されているか」といった詳細は、ユーザー側は意識できないし、意識しなくてもサービスを利用できます。

*

もう一つは、「仮想化」が挙げられます。

物理的な「ハードウェア」と「ソフトウェア」(プログラム)が分離されている仕組みで、特定のハードを意識せずにプログラムが動作します。

これによって、ハードが故障しても、別のハード上ですぐに動作させることができ、また、負荷に応じて計算資源を割り振ることもできます。

対する「Web」とは？

「Web」とは、インターネットの接続形態である「蜘蛛の巣状」という言葉から作られた、「World Wide Web」という「ハイパーテキスト・システム」の名称の一部です。

「ハイパーテキスト」は、インターネット上にあるサーバから、「HTML」(Hyper Text Markup Language)で書かれているページをダウンロードして表示するシステム。
サーバにあるHTMLを「Webページ」、表示するプログラムを「Webブラウザ」と言います。

「ブラウザ」は、ネットワークに接続される多くのコンピュータで標準搭載されています。
最新のWeb技術に対応したブラウザを「モダン・ブラウザ」と言います。

「クラウド・アプリケーション」とは？

「クラウド」という言葉は、流行りの言葉として曖昧な定義のままで使われる“バズ・ワード”のような側面もあるので、上述の「クラウド」の意味ではないものを、「クラウド・アプリ」と呼ぶことがあります。

一般的に「クラウド・アプリ」と言われているものは「クラウド・コンピューティング」を利用しているアプリになります。

「UI」(ユーザー・インターフェイス)にWebブラウザを使えることも多いので、Webアプリも含める場合があります。

以下のサービスは、「クラウド・アプリケーション」に該当すると考えられます。

・OneDrive
・Evernote
・Dropbox
・iCloud

これらのサービスには、次のような共通点があります。

・「ネットワーク上のサーバ」にデータを保存する。
・「Webブラウザ」や「専用クライアント・アプリ」で、データの作成や更新ができる。
・「保存先」は特定のサーバという形ではなく、意識されない。

たとえば、Windows上で動作している「OneDrive」は、アプリを介して特定のフォルダにある文書や写真などのファイルをクラウド上に保存します。

ユーザーは保存するフォルダが違うという程度でクラウドを利用でき、他のコンピュータから、またWebブラウザからも、そのフォルダの中身を参照したり、編集したりできるようになります。

また、「PC」や「スマホ」など、複数のデバイス（環境）から利用できるのは、大きなメリットになります。

「Webアプリケーション」とは？

「Webアプリ」も、「クラウド」と同じように「Web」という言葉が幅広い意味をもっています。

*

さまざまな使われ方がありますが、「Webアプリ」を大まかに説明すると、「Webブラウザ」や「その技術」を利用しているアプリです。

*

実際には「クラウド・アプリ」と重なる部分も多く、たとえば「Webメール」は「クラウド・アプリ」でもあり、「Webアプリ」でもあります。

「Webアプリ」の対義語として、「スマホ」や「PC」上で直接動作する、「ネイティブ・アプリ」があります。

「Webアプリ」は「Webブラウザ」上で動作するため、「ネイティブ・アプリ」よりは実行速度が遅いものの、アプリをインストールせずに「Webブラウザ」から利用できる利点があります。

「Webブラウザ」はセキュリティの観点から、直接実行するアプリに比べて多くの制約があります。
しかし、最近は「モダン・ブラウザ」の標準化によって、さまざまな機能が使えるようになっています。

「クラウド・アプリ」と「Webアプリ」の相違点

「クラウド・アプリ」では、サーバ上でデータの処理や保存を行ないます。

*

アクセスするためのクライアントとして、「専用のソフト」を使うものもあれば、「Webブラウザ」を使うものもあります。

「Webアプリ」は「Webブラウザ」を「クライアント」とし、「ブラウザ」上で「データの処理」を行ないます。
また、「サーバ」で「データ処理」や「保存」を行なうこともあります。

「Webアプリ」かつ「ブラウザ」上で処理を行なう場合は、「Webアプリ」を使っている「ブラウザ」や「端末」の処理能力に影響を受けます。

たとえば、「スマホ」では処理が遅くなることがあります。

一方、「クラウド・アプリ」を使って「サーバ」で処理している場合は、「サーバの処理能力」に影響を受けるので、「スマホ」でも速度が低下しない反面、「サーバ」にアクセスが集中すると、処理ができなくなることがあります。

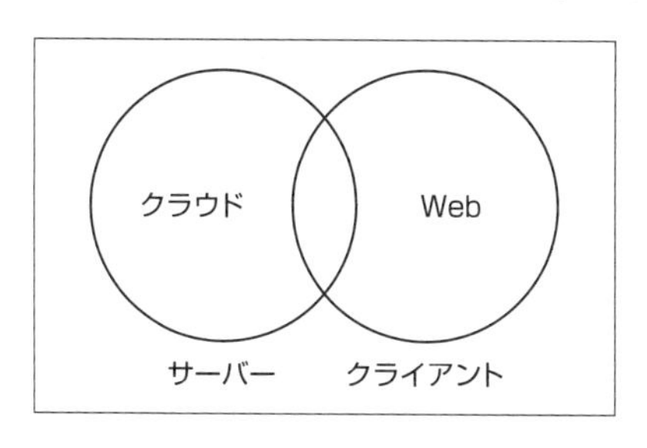

「ブラウザ」で動くアプリの未来

「Web ブラウザ」の性能が向上することで、「Web アプリ」の利便性も高まります。

＊

最近、「Web ブラウザ」向けに開発が進んでいる特徴的な技術の一つとして、「WebAssembly」があります。

C 言語などで書かれたプログラムを、「Web ブラウザ」上で実行できるように変換するというもので、既存のライブラリやプログラムが比較的高速に、「Web ブラウザ」上で動作するようになります。

しかも、動作がブラウザ上で可能な範囲内に制限されているので、「安全」という特徴があります。

＊

たとえば、ゲームのような重めの処理をブラウザ上で動かすといった場合に、大きなアドバンテージになる技術です。

＊

もう一つは、「PWA」（Progressive Web Apps）で、Web サイトをアプリケーション化できる仕組みです。

「従来の Web アプリ」との違いは、「ネットワークに未接続の状態でも使える」ということや、「通知機能」「アドレス・バー」の非表示などがあります。

ブラウザの仕組みを利用しているので、インストールは不要で、ブラウザの機能として呼び出すショートカットが作成されます。

ストレージ容量が少ないスマホでは、利用しやすい選択肢の一つです。

5G 時代到来で…

スマホの通信が「5G」となる時代では、ますますネットワークとの接続が密になります。

そして、「クラウド・アプリ」や「Web アプリ」と「ネイティブ・アプリ」を意識しない時代が到来しそうです。

GPU クラウド

スーパーコンピュータに取って代わるか

■ 初野 文章

「GPU クラウド」とは、「ネットワーク上にある、強力な「GPU」を使う仕組み」の総称で、さまざまな要因から最近、急に注目されています。
なぜ、注目されるようになったのか、その理由や、残っている課題について、紹介します。

「GPU クラウド」とは

■ 演算装置を置く「距離」

「GPU クラウド」のような考え方は古くからあり、これまでも、実際に似たようなサービスが存在していました。

「GPU」に限った話ではありませんが、「演算装置」や「記憶装置」など、いわゆる「コンピュータ」に必要な装置類は、近い距離に集めたほうが、性能が発揮できます。

ですから、本来は「外部」しかも、遠隔地に「演算装置」を置くということは、あまり良い方法ではありません。

それにもかかわらず、このようなサービスが注目されるには、いくつかの理由があります。

① コンピュータ 1 台で得られる性能が極端に不足している場合
② 設備費や運用費などでコスト的に見合わない場合
③ 常時必要な装置でない場合
④ 購入しても、すぐ陳腐化してしまう場合
⑤ その他、「オンプレミス」(on-premiss:自社保有)にリスクが伴う場合

＊

たとえば、サーバを自社保有する場合、「サーバ本体」と「ソフト代」の他に、「サーバ室」「回線」「セキュリティ」「バックアップ」「光熱費」「人件費」――など、サーバそのものよりも高額なコストが発生します。

特に、セキュリティ対策はウイルスや侵入だけでなく、アクセスログの管理が求められてきています。
ところが、これらを真剣に行なうと、これだけで、年間、数百万以上のコストがかかってしまいます。
加えて、何年かに一度、ハードやソフトの更新が発生します。

更新作業は費用面でなく、アップデートや引っ越し作業などで多大なリスクが発生するため、システムの管理上はできるだけ避けたい事案です。

このため、「オンプレミス」で運用する場合、以前は、「信頼性が高く長期間性能が維持できる装置を導入したい」、と考えるのが一般的でした。

ところが、昨今、性能的に充分でも、サポート切れで更新を余儀なくされることが増えています。
「サポート終了」が予告なく行なわれることもあるので、装置の運用管理計画が計画通りに進まなくなってきているのです。

これを、クラウド化した場合、契約にもよりますが、多くの部分をクラウドサービス側に丸投げできます。

■「クラウド化」の需要

クラウド化によるさまざまなリスクがあっても、企業や管理者がクラウド化に傾倒する理由もわからなくはありません。

このように、サーバ1台でみても、「オンプレミス」での運用が難しい状況があるのですが、昨今はコンピュータの部位やサービスレベルでこの問題が出てきています。

たとえば、以前であれば、大容量なストレージやデータベースと言ったものが主流でビックデータを活用するためのシステムに注目が集まっていましたが、昨今は、AIなどの活用で演算力の不足が重大な問題となってきています。

「AI」や「科学技術演算」「動画」や「CGのレンダリング」といった分野

では、「CPU」よりも「GPU」のほうが得意なことは皆さんご存じだと思います。

■「コスト面」の問題

しかし、企業向けのGPUは非常に高価で、これだけで、サーバ1台ぶん以上の価格になります。

現在、上位のGPUは、それ単体でスーパーコンピュータに匹敵する性能をもっているため、演算目的のシステムでは必須の装置になってきています。

ところが、非常に高価な上に性能を発揮するためには、複数枚の装着が必要になり、大きくコストがかむのです。

しかも、PC向け同様に陳腐化が激しく、PC向けと違い、業務用の装置でGPUを差し替えるといった作業は、信頼性の低下やダウンタイムの発生を招くため通常は行ないません。

つまり、これらの装置を自社保有した場合、短期間でコンピュータごと使い捨てとなってしまいかねません。

また、業務内容によっては、常にその計算力が必要では無い場合もあるでしょう。

■「NVIDIA」の「ポリシー変更」

加えて、この問題が顕著になったのはGPUメーカー大手「NVIDIA」の「ポリシー変更」です。

以前は、PC向けの安価なGPUを「大型機」や「データセンター」で使用することは、ポリシー上は可能でした。

単一の演算速度よりも、マルチプロセス化で性能を向上させやすい「ディープ・ラーニング」や「科学技術演算」では、「SLI」のような方法でなくても、

「GPU」をそれぞれ単独動作させることで、高性能を発揮させることが可能でした。

このため、PC向けのGPU（冷却強化などの対策は必要）でコストダウンを行なう組織が多く、仮想通貨のマイニング需要でこの傾向が一気に加速しました。

ところが、「NVIDA」のポリシー変更により、このような用途でのPC向けGPUの利用が制限。
この影響で、「オンプレミス」で大規模にGPUを活用することが困難になってしまいました。

■「クラウド化」自身の問題

そこで、「クラウド」に目が向くわけですが、「GPU」は周辺装置なので、これだけをクラウド化することはできません。

このため、「サーバ」にインストールした状態で利用します。

しかし、この方法では、ハードウェアとして単一のものになってしまうので、一つのシステムとしてしか利用できません。
つまり、仮想化できないわけです。

「仮想化のシステム」でも、GPUを利用が可能にはなっていましたが、「ソフト的に実行」するか、「それぞれの仮想環境に専用のGPUとして紐付け」する必要がありました。
しかし、実機ほどの性能は出ませんでした。

つまり、結局実機とあまり変わらない構成になってしまう上に仮想としての旨みも、性能向上の旨みも失われてしまうのです。

このため、従来の「クラウド・システム」でのGPUオプションは非常に使いにくい物でした。

GPU の仮想化

しかし、状況が変わったのは、「**GPU そのものの仮想化**」という考え方が出てきたことです。

複数の「GPU」を１つにまとめた上、「仮想のリソース」にすることが可能になり、複数の仮想環境からシェアすることができるようになったのです。

この仕組みは、もともとは、サーバ側で PC の機能を再現しなければならない、「シン・クライアント向け」の仕組みとして求められていたものです。
「仮想サーバ」に導入することで、「クラウド環境」や「仮想環境」から、パートタイム的に「GPU」の演算力を得ることが可能となったのです。

これが「GPU クラウド」の一つの形です。

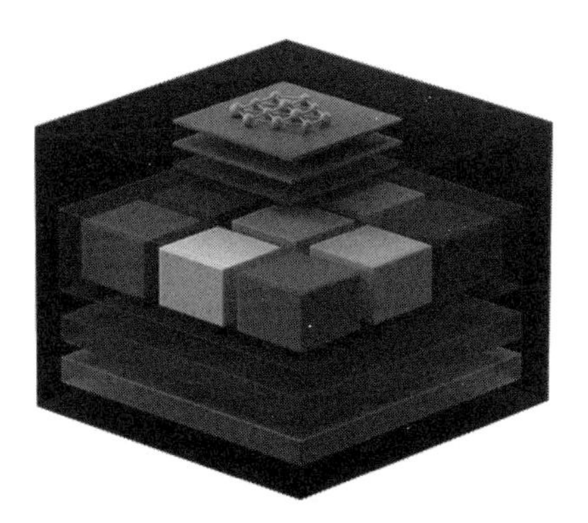

NVIDIA のクラウドサービス「NGC」

■「料金面」での課題は残る

ただ、先にも述べたとおり、これらの用途に利用できる「GPU」は非常に高価です。

このため、一般に示されているサービスは、「高価なオプション扱い」か、「2GPU」程度のサーバを占有、または「シェア」する小規模なサービスばかりです。

*

一部では「ぼったくり価格」とまで言われている現在の「GPU クラウド」ですが、ハードウェア側の問題を考えると、安価に提供したくてもできないという実情もあるのかもしれません。

ただ、時間貸しサービスでは安価なサービスのアナウンスも始まっているので、よりカジュアルな利用が可能になってくるでしょう。

*

ただし、「企業」や「研究機関」「学校」などでは、決まった目的に決まった予算を配分します。
そのため、「使用時間」や、「利用率」によって金額が変わるサービスは利用しにくいという実情も存在します。

「GPU クラウド」は新しい考え方ではない

■レンダリング・ファーム

「GPU クラウド」と言う言葉は、新しいものですが、考え方自体は決して新しい物ではありません。

たとえば、90 年代はコンピュータの性能が低く、研究者や企業を除くと「スーパーコンピュータ」や「メイン・フレーム」のような強大な演算力を利用することはできませんでした。

当時増え始めた「CG 映画」や、「ゲームのための 3DCG レンダリング」は、高価な「ワークステーション」を使っても長時間かかりました。

そこで、登場したのが、「レンダリング・ファーム」と呼ばれるサービスです。
「数百台の PC が用意された場所にデータを送り、レンダリング作業を委託する」、というものです。

当時は「GPU」がありませんでしたが、目的で言えば現在の「GPU クラウド」と同じものと言えます。

低コストかつ高速に演算が完了する上に、機材を保有する必要がないため、映像プロダクションにとっては非常に有意義なサービスだったと言えます。

その後、「編集用」や「演算用」のビデオ入出力ボードが登場し、PC 一台で動画のリアルタイム編集ができるようになり、廃れました。

性能の陳腐化によって短期間でサービスの意義が無くなる、と言う点は、現在のシステムにも通じる部分です。
しかし、当時の「3D-CG」は商品単価が高かったため、相応の利益を生み出したと言われています。

■ シン・クライアント

次に登場したのは、「シン・クライアント」など、「クライアント環境の仮想化での活用」です。

先にも述べたとおり、仮想化の仕組みで GPU を利用することは、以前は簡単ではありませんでした。

このため、「シン・クライアント」といっても、アプリケーションやデータのみサーバ側にあり、演算力は「シン・クライアント端末側」に実装する場合もありました。

しかし、これでは、「シン・クライアント」の旨みが減りますし、コストも増大してしまいます。

ハードウェア全体を仮想化しても性能は上がらないため、ハードウェアや演算力の抽象化に目がいくようになっていきました。

しかし、これは、サーバサイドに過大な負荷をかけるため、今になってようやく実現の兆しが見えてきたというところなのです。

■ サービスの継続

もうひとつの目的は、古いサービスを継続提供するためです。

*

ハードウェアの進歩は良いことながら、「下位互換をもたない場合」や、「サービスの形が変わった場合、従来ならできたことが、そのまま実現することはできなくなることがあります。

そこで、まるごと、もしくは装置の一部を仮想化してサービス提供を維持するという考え方に至ります。

有名なところでは、「プレイステーション」で互換性のない旧型機のゲームを動作させるために、クラウド化を行なう手法が試みられました。

ただ、現実的には、数世代隔てた機種でも無い限り、演算力が足りませんし、ネット経由の遅延はゲームでは操作感に影響する致命的な問題となります。

そのため、昨今は(a)「コード」自体を自動移植する手法と、(b)不足する演算力のみクラウドで提供する手法が取られ、スマホなどで活用されています。

また、ここまでの技術開発の成果が、「GPU クラウド」の技術的な下支えになったわけですから、積み重ねとしては、意味のあることだったと言えるでしょう。

「コスト」や「ハードル」の高さ

利用の道筋が見えてきた「GPU クラウド」ですが、まだまだ、コストや利用上の敷居が高く気軽に利用するにはほど遠い状況だと言えます。

*

「技術的な側面」や、「借りやすさ」では、スーパーコンピュータの「時間借り」より大幅に軽減されていると言えます。

しかし、運用上の手間を考えると、むしろ面倒な部分が多いようにも感じられます。

また、コスト的にも、10ヶ月利用すると「ハイエンド GPU」1つと、同等の金額になるサービスが多いです。

せめて、リースレベルの費用感にならないと、気軽には利用できないと言えるでしょう。

より多くの人が利用するには

また、「GPU クラウド」本来の意味で言えば、「演算力のみを借りたい」、というのが多くのユーザーの本音だと思います。

たとえば、「ビデオ編集ソフト」や「3D ソフト」のプラグインとして利用できるとか、「演算力をシェアする仕組み」を、OS レベルでより軽便に実装すべきでしょう。

そうすれば、「GPU クラウド」はより万人が使えるシステムになりますし、利用効率が上がりコストも低下し、GPU の使い捨てという無駄も減らせるはずです。

USB で増やすサブプロセッサという考え方の商品も出てきていますが、一時的に足りない演算力はシェアするという考え方はブロックチェーン以外でも活用すべきと言えるでしょう。

第2章

5G

小規模ながら、2020年に国内でも5Gサービスが開始されました。

ここでは、「5Gの特徴」や、それを利用したサービスなどを解説していきます。

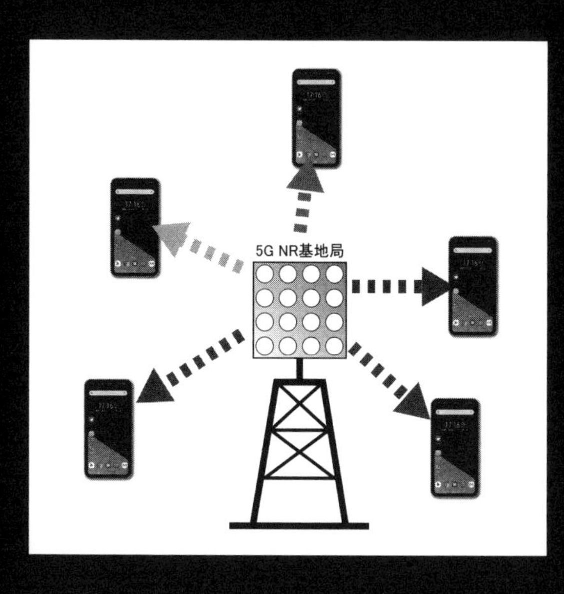

大幅にパワーアップした5Gの特徴

「高速・大容量」「低遅延」「多端末同時接続」 ■ 勝田有一朗

ここでは、「5Gの特徴」と「それを実現する技術」を紹介します。

「5G」を表わすキーワード

2020年、国内でも5Gのサービスが開始されました。

5Gは4Gから大幅にパワーアップしていて、これまでできなかったことがいろいろ実現するだろうと、喧伝されています。

＊

5Gの特徴を表わすキーワードとしては、次の言葉をよく見かけます。

① 高速・大容量
② 低遅延
③ 多端末同時接続

これらは具体的にどのようなことを意味するのか、これらを実現するのはどのような技術（新たな無線技術「5G NR」）なのかといったことを見ていき、5Gの特徴を掴んでいきましょう。

高速・大容量

■ 広帯域幅、高周波数化

5Gの大きな特徴の1つが、「高速・大容量通信」です。

ダウンロード速度は「最大20Gbps」を目標としていて、4Gの「最大数百Mbps～1Gbps」と比較しても、大幅なスピードアップとなります。

この高速大容量を手っ取り早く実現する手段が、通信に使う無線周波数の「広帯域幅」「高周波数」化です。

無線通信では、通信時に使う帯域幅が広ければ広いほど、単純に通信速度が高速化します。

「4G LTE」では、1キャリア当たり「最大20MHz」だった帯域幅が、「5G

NR」では「最大100MHz/200MHz/400MHz」といった帯域幅に拡大されていて、これだけで何倍もの通信速度向上が見込まれます。

実は、「4G LTE」と「5G NR」で通信方式そのものに大きな変更はなく（下り：OFDMA、上り：SC-FDMA）、この広帯域幅化が、通信速度アップの大部分を占めていると言えるのです。

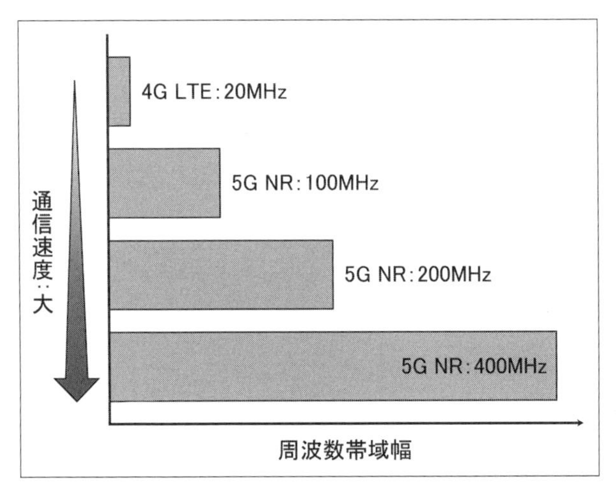

1キャリア当たりの帯域幅が通信速度の大枠を決める

＊

では、なぜこのような広帯域化が可能になったかと言えば、それは5G NRで使う周波数帯を高周波数化したからです。

「4G LTE」では主に、「800MHz帯」と「2GHz帯」を用いていましたが、この周波数帯は携帯電話以外の用途にもいろいろと使われていて、それほど広い帯域幅を確保できません。

＊

一方、「5G NR」では、「Sub6」と呼ばれる「6GHz以下」の周波数帯（主に「3.6～4.6GHz帯」）が用いられます。

また、これだけではなく、さらに高周波の「ミリ波帯」（主に「27～30GHz帯」）も用意されています。

これらの高周波数帯は、他の用途であまり使われていなかったため、

「Sub6」で「1GHz幅」、「ミリ波帯」で「3GHz幅」という広帯域幅を5G NR用に確保できたのです。

（5G NRの1キャリア「400MHz」という帯域幅は高周波の「ミリ波帯」専用のもの）。

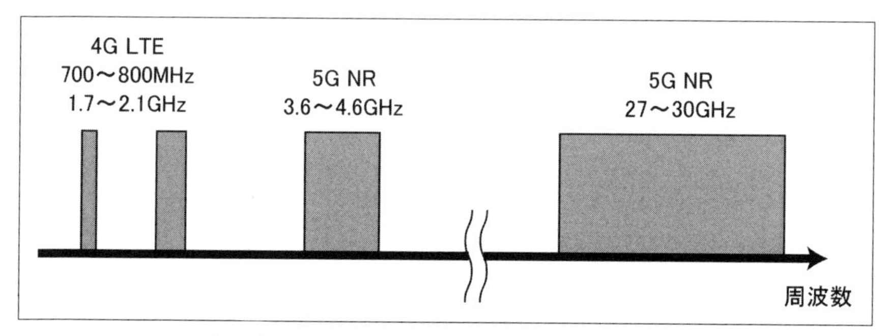

高周波数化で5G NR用に広帯域幅を確保している

＊

ただ、高周波数化はメリットばかりではありません。

＊

一般的に電波は高周波数化すると障害物に弱くなって減衰しやすく、市街地などは苦手とします。

必然的に基地局1台あたりのサービスエリアも極端に狭くなります。

4G LTEで低い周波数帯の「**プラチナバンド**」が重宝されていたのを覚えている方もいるでしょう。

高周波の「ミリ波帯」ともなると、木々の葉っぱ程度で、通信に影響が出ると考えられます。

＊

この電波減衰の問題を解決するのが「**Massive MIMO**」という技術です。

■ Massive MIMO

「MIMO」（Multiple Input Multiple Output）は現代の無線通信に欠かせない技術で「**4G LTE**」や「無線LAN」でも用いられています。

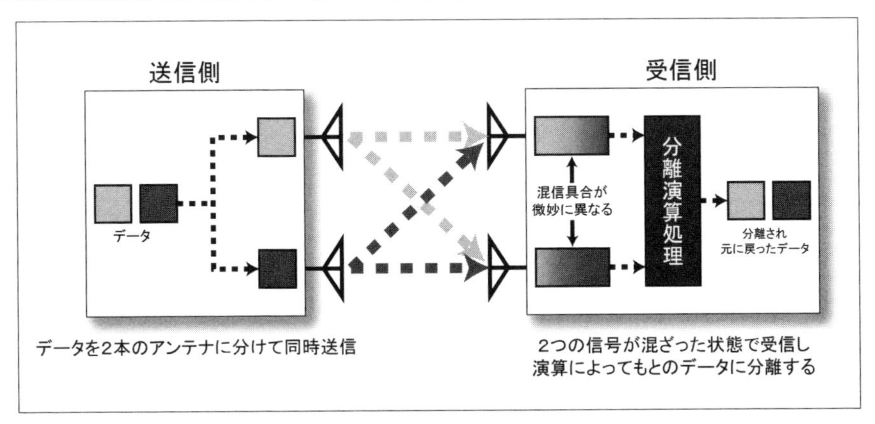

「MIMO」の原理

複数のアンテナが同時に異なるデータを送受信することで、通信速度を倍加させる技術です。

本来、同じ周波数で異なるデータを同時送信すると、混信して意味不明となるのですが、複数アンテナの混信具合の差から受信後に演算で、元の状態に戻すことができる、というものです。

これが「MIMO」による通信高速化の原理になります。

● ビーム・フォーミング

また、「**MIMO**」には複数アンテナそれぞれの出力やタイミングを調整して、特定位置の端末に特に強い電波となるように届ける「**ビーム・フォーミング**」という技術もあります。

「ビーム・フォーミング」によって、より遠くへ、安定した通信が可能となります。

5G NR基地局

多数のアンテナによる精細な「ビーム・フォーミング」

＊

「4G LTE」や「無線LAN」では、「最大8本程度」のアンテナを用いた「MIMO」が主流でしたが、「Massive MIMO」は「最大数百本」のアンテナで通信を行ないます。

アンテナ本数が多いほどより精細な「ビーム・フォーミング」が可能で、「5G NR」は、この「ビーム・フォーミング」で不安定な高周波帯通信を補助しています。

低遅延

■ 遅延は4Gの「1/10」

5Gの特徴として、「高速・大容量」と並んで喧伝されるのが、「低遅延通信」です。

低遅延によって、シビアなリアルタイム性を求められるサービスも、携帯回線で提供可能になると言われています。

5Gで求められる遅延は「1ms」となっていて、4Gの「10ms」と比較して「1/10」になることが求められています。

■ プロトコル改良による「低遅延」

低遅延化への1つ目のアプローチが、無線通信そのものの改善です。

＊

プロトコルを簡略化し、1回の通信で送受信するパケットを小型化、さらに端末へ無線リソースを割り当てる際の「伝送時間間隔」(TTI) を「1ms → 0.25ms」と短縮しています。

■ MEC

5Gにおいて低遅延化の鍵を握るのが、「MEC」(マルチアクセス・エッジコンピューティング) の導入です。

＊

そもそも「遅延とは何なのか」と言うと、「手元の端末」から「サービスを提供するクラウド」までの「応答にかかる時間」です。

これは途中経路にインターネットが挟まるため、正直なところ低遅延化を期待するのは難しいと言えるでしょう。

そこで「MEC」では、基地局もしくは基地局のすぐそばにサービスを提供する「エッジ・サーバ」を設置します。

近くの「エッジ・サーバ」のみと通信を行なうことで低遅延が保証される、というわけです。

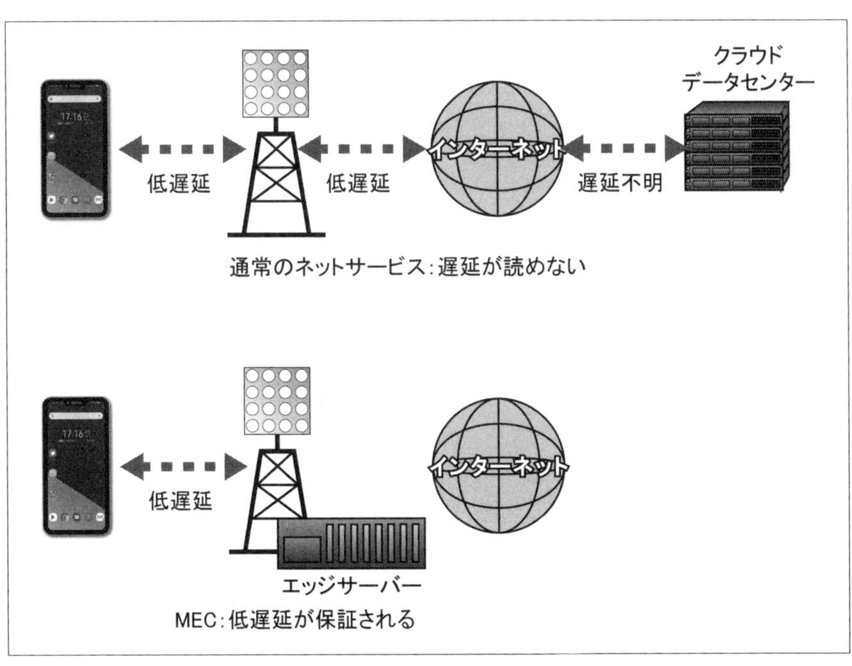

端末と基地局の間だけで通信を完結することが低遅延の条件

多端末同時接続

■「100万デバイス/平方km」が目標

5Gでは、同時に多数の端末と通信できることも重視しています。

スタジアムやライブ会場で、観客全員が安定した通信ができるというシーンも、5Gの特徴としてよく語られます。

*

具体的な数値としては、4Gの同時接続数が「10万デバイス/平方km」だったのに対し、5Gでは「100万デバイス/平方km」を目標としています。

実に10倍にもなる目標値は、今後普及するであろう「IoTデバイス」で、5G通信が用いられることを想定しています。

■グラント・フリー

「多端末同時接続」で重要となる5G NR技術の1つが、「**グラント・フリー**」という通信モードです。

*

通常、無線通信を行なう際は、まず端末と基地局間でネゴシエーションを行ない、基地局が事前許可（グラント）を発行します。

そして、端末は、「グラントで許可された方法にてデータ送信を開始する」という、仕組みになっています。

これは確実な通信方法ですが、ネゴシエーションは本来のデータ通信には関係ない時間で、他端末も割り込めないので、結果的に同時接続端末数を制限している状態でもあるのです。

そこで、5G NRの「グラント・フリー」では、事前許可の手順を全部飛ばしていきなり端末からのデータ送信を可能とします。

これにより通信時間が短縮され、結果的に多くの端末が同時接続できるようになります。

*

ただ、勝手にデータを送信するので、受信に失敗するケースも当然生じます。

受信失敗を想定して幾度か再送する仕組みも備わっていますが、最終的にパケットロスの可能性がゼロではない通信方式です。

それでも従来方式よりメリットが勝るため、稀なパケットロスであれば影響を受けない、センサ系の「IoT デバイス」などでの利用が考えられています。

■ MU-MIMO

先でも解説していた「Massive MIMO」は多端末同時接続でも有用な技術です。

「Massive MIMO」の数百個におよぶアンテナを数個ずつに区分けし、それぞれ別端末に向けた「ビーム・フォーミング」を行なうことで多端末同時通信が可能になります。

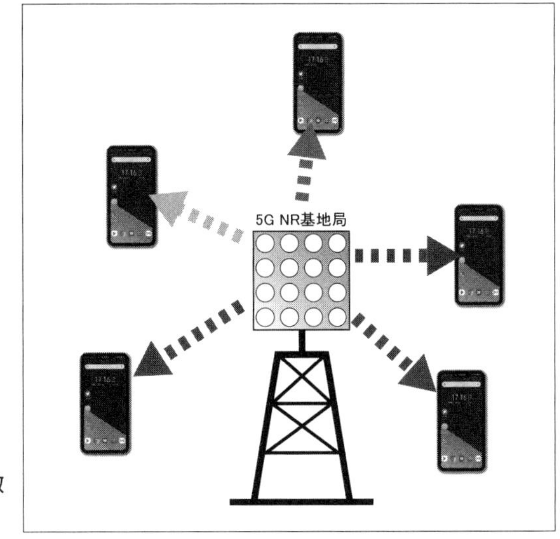

「ビーム・フォーミング」が多数端末への同時接続を行なう

このようなアンテナの使い方を、「MU-MIMO」(マルチユーザー MIMO)と言います。

「MU-MIMO」は現行の「4G-LTE」や「無線 LAN」にも採用されていますが「Massive MIMO」の桁違いのアンテナ数によって、より多くの多端末同時接続を実現します。

これらの恩恵はまだ充分に受けられない

以上が、①**高速・大容量**、②**低遅延**、③**多端末同時接続**という、5Gの特徴と、それを実現するための主要技術になります。

＊

ただ、現在は5G対応のスマホを持っていても、これらの恩恵を充分に受けられる状況には至っていません。

現在は4Gから5Gへの移行の最初期段階であり、5G NR基地局はまだまだ少ない状況です。

そのため5G NR基地局のネットワーク構成は4Gコアネットワークに依存する「NSA」(Non Stand Alone) という形態になっており、スマホとの通信において制御通信は4G LTE、データ通信は5G NRと併用で行なうかたちを採っています。

＊

先の解説でも触れているように5G NRの技術は制御部分に関わるところが大きく、現状では広帯域幅を利用した高速大容量通信しか5Gの恩恵がない、と考えられます。

5G NR基地局の整備が進み、5Gコアネットワークを用いた「SA」(Stand Alone) 形態へネットワーク構成が切り替わる数年後からが、5Gの本領発揮となるでしょう。

スマホ、タブレット、PC デバイスの世界

コロナショック後の変化

■ 勝田有一朗

スマホや PC など身近な IT デバイスが、コロナによってどのような影響を受けるのか考えてみます。

スマホ、タブレットへの影響

■ 5G 網の整備は感染症対策にも

5G が実現するサービスの１つとして、「リモート医療」や「リモート教育」など、「リモート型の社会」の創造が挙げられます。

これはコロナなどの感染症対策にも有効とされる分野で、5G 網の整備が進むとともに、これら「リモート型社会」も身近なものになっていくと思われます。

PC への影響

■ 注目を集める「テレワーク」

2020 年のコロナ禍では、「テレワーク」という働き方に大きな注目が集まりました。

IT 系を中心に緊急事態宣言解除後もテレワークを継続する企業が出てきており、奇しくもコロナ禍が働き方改革につながった一面を覗き見ることができます。

コロナが PC へ与える影響の大部分は、テレワーク絡みと言えるでしょう。

■ テレワークのセキュリティ問題

テレワークでは、自宅の PC から会社側のネットへアクセスする必要が生じます。

このとき注意しなければならないのが、自宅 PC への「ウィルス / マルウェア」侵入です。

自宅 PC が踏み台にされ、会社側のデータ盗難・破損につながる可能性もゼロではありません。

自宅PCは会社管理のPCよりも不用心になりがちなので、安全性を確保するために自宅PCとは隔離した仕事専用のPC＆ネット環境を用意することが求められるようになるかもしれません。

実際、簡単に無制限ネット環境を用意できるポケットWi-Fiを社員に支給する企業も登場してきています。

■ テレワークによって国内PC市場に特需発生

全国の主要家電販売店のPOSデータを集計するBCNの発表によると、2020年の4月5月のPC販売台数が前年同月比で大きく上回っており、4月第4週に「前年比164.7%」、5月第1週に「前年比171.1%」という結果を残しています。

これはテレワーク需要によるものですが、緊急事態宣言が解除された後はどのように推移していくのか注目を集めています。今後もテレワーク導入を進める企業が増えていけば、しばらくは国内PC市場の盛り上がりも続くのではないかと考えられます。

テレワーク需要はPC本体以外にも

同じくBCNの発表によると、4月以降ディスプレイの販売台数も大幅に伸びていて、4月第3週には「前年比171%」を記録しています。
テレワークを円滑に行なうためのマルチディスプレイ構築が浸透していると考えられます。

同様に、ネット会議で用いるWebカメラやヘッドセットなどの周辺機器が、販売店で在庫切れになる事態も起きていたようです。
PCパーツ部品の多くは中国製ということもあり、今回のような世界的危機の中ではモノ自体の再入荷が難しくなることも珍しくなく、簡単に在庫切れが起きてしまうのです。

■ 全小中学生に PC を支給

もともと、文科省は 2023 年度までに全国の小中学生へ PC を支給するという計画を立てていましたが、今回のコロナ禍を受けてオンライン授業にも使える PC の重要性を再確認、計画を大幅に前倒しして 2020 年度末までに PC の支給を完了すると発表しました。

昨今はスマホとタブレットさえあれば PC 不要という考えが支配的でしたが、これを機に子供たちが PC に興味を持ち、PC 業界が一層盛り上がればと思います。

「Face Sharing」「BodySharing」

「5G網」を利用する「感覚共有サービス」の可能性 ■ 英斗恋

「Face Sharing」は、「NTTドコモ」と技術系ベンチャー「H2L」が発表した、対象者の「顔の表情」を離れた相手に伝える技術。
「5G網」と「VR・AR」の連携が模索されています。

「Face Sharing」

「(株)NTTドコモ」は1月10日、「H2L(株)」が開発した「BodySharing」技術を元に、第三者の顔に話者の「口の動き」「顔の表情」を再現する、「Face Sharing」技術の共同開発を発表しました。

「筋変位センサ」が検出した「口の動き」を相手側デバイスに送信し、「電気的刺激」で相手に同じ筋肉の動きを再現します。

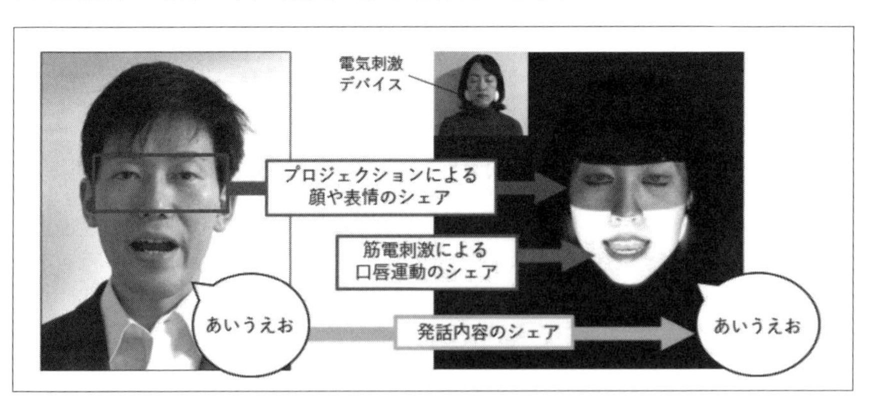

「Face Sharing」使用イメージ

■ 想定するサービス

想定する利用例は「外国語の発音レッスン」の講師の「口の動き」の体験、専門知識が必要な、翻訳、会話の補助などです。
「Face Sharing」による顔の動きの伝達は一方向のため、1人の動きを大勢に伝達すれば、効率的にリモート授業ができるでしょう。
「ニュース・リリース」では「Face Sharing」を「NTTドコモ」の商標

としており、本サービスへの「NTT ドコモ」の大きな期待が分かります。

「BodySharing」

■ 動きの伝達とフィードバック

「Face Sharing」のベースとなる「BodySharing」技術はどのようなものでしょうか。

「BodySharing」では、二者が互いに「筋変位センサ」と「触感型インターフェイス」をつけ、「センサ」が検出した自分の手や腕の動きが相手に、また相手の動きが自分に伝わるようにします。

共有よりも、「コミュニケーション」に近いでしょう。

■ 疑似コミュニケーション

「触感型インターフェイス」の相手は人間以外、たとえばソフトが作り出した「仮想空間のキャラクター」でもかまいません。

「H2L」は、「BodySharing」を「他人の体験」や、「VR･AR 空間」の「疑似体験」を体に伝える技術としています。

■「触感型インターフェイス」の改良

自然な「触感フィードバック」を得るには、「触感デバイス」の「再現性」が鍵となります。

「H2L」と「日本電信電話」(NTT) は 2018 年 1 月 9 日、「H2L」の触感型 VR コントローラー「UnlimitedHand」と、「NTT」と「東レ」が共同開発した機能素材を組み合わせた、「新触感型インターフェイス」の開発を発表しました。

「UnlimitedHand」は、手や指の動きを捉える「モーション･キャプチャー」と、電気刺激で手の筋肉を収縮させて疑似的な触感を与える「電気的筋肉刺激」(EMS) により、動きを伝達し、触感を与えます。

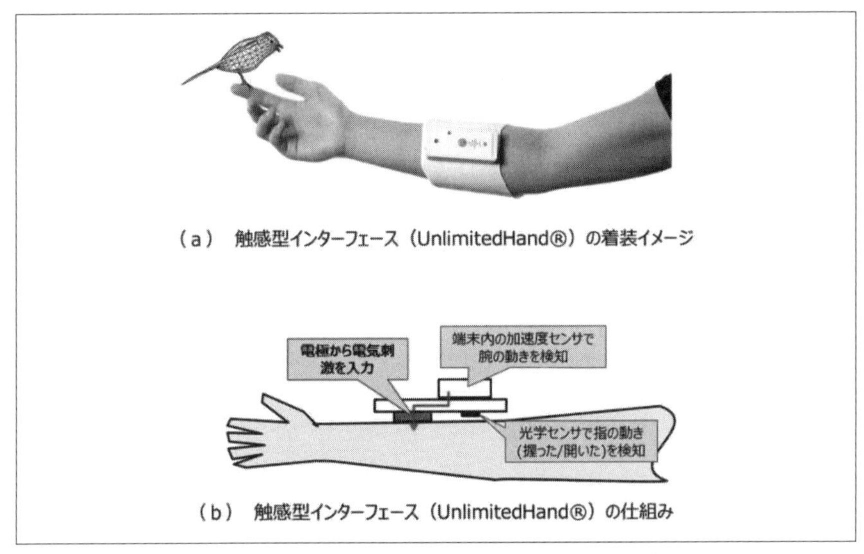

（a） 触感型インターフェース（UnlimitedHand®）の着装イメージ

（b） 触感型インターフェース（UnlimitedHand®）の仕組み

「UnlimitedHand」の構造（プレスリリースより）

導電性機能素材「hitoe」を、皮膚に接触する電極部分に用い、従来の「ゲル素材」にはつきものだったデバイスの装着時の不快感を解消しました。

■「触感デバイス」の制御

「H2L」は「触感型インターフェイス」の制御方法を公開しています。

「UnlimitedHand」本体は、「Arduino AtHeart」の認証を得た「Arduino公式ハードウェア」です。

本体裏面の「拡張ポート」から「VCC、GND、RST、D11-D13 ピン」にアクセスできます。

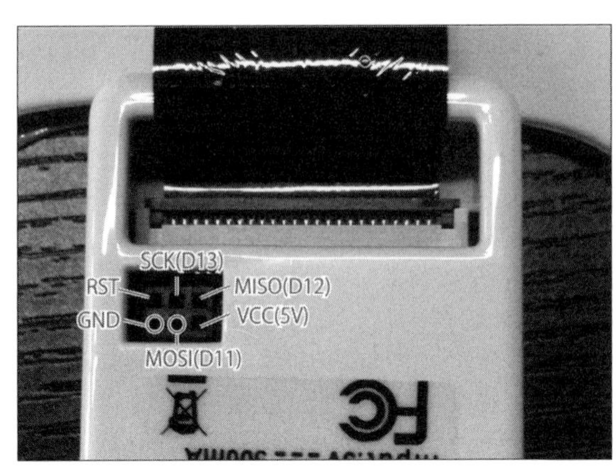

「UnlimitedHand」の拡張ポート

制御ソフトを作るための「SDK」は、同社サイトから入手できます。

「H2L」のサイト
http://dev.unlimitedhand.com

没入型VR

■ 遠隔地のライブ体験

「H2L」は、「UnlimitedHand」を利用した、「没入型VR」サービスのイメージを動画にまとめています。

https://www.youtube.com/watch?v=vH5dQ6CNj-k

遠隔地の状況を「3Dゴーグル」で見ながら、同時にカヌーを操作し、「フィードバック」を得ます。

VRの臨場感を大きく向上させるでしょう。

遠隔地のライブ中継3D画像（H2L公開のPR動画）

遠隔操作する体験者（H2L公開のPR動画）

■ ANAによる旅行体験コンテンツ

「没入型VR」による遠隔地の疑似体験は、旅行業界も注目しています。

「ANAホールディングス(株)」は、投資会社「WiL」および米「Soap Collective」と協業、没入型VR旅行体験「BEYOND TOKYO」の提供をはじめました。

「Beyond Tokyo」の紹介（VIVEPORT）

本コンテンツは台湾スマホ大手の「HTC」の運営するVRコンテンツアプリストア「HTC Viveport」で販売されています。

第3章

テレワーク/Wi-Fi

コロナ禍によって、在宅ワークの必要性が一気に増しました。

ここでは、「テレワークのはじめ方」「導入事例」や、「Wi-Fi 6」などを紹介していきます。

「テレワーク」のはじめ方

「コロナ・ショック」を乗り越えろ！　■ 編集部

新型コロナウイルスによって、多くの人々が「外出自粛」や「自宅待機」を余儀なくされています。
いつまで続くか分からないこの事態。
出勤せずに、効率的に安全に仕事をする方法を指南します。

テレワーク

■「テレワーク」とは

そもそも、「テレワーク」とは、「テレ（Tele ＝ 離れた場所）＋ワーク（Work ＝ 仕事）」という2語を組み合わせた造語です。

インターネットなどのICT（情報通信技術）を利用して、通常の職場にとらわれず、自宅などで仕事をすることです。

さまざまな場所を利用しての柔軟な働き方は、次のような経営課題を解決できると考えられています。

- 授業員の育児や介護による離職防止
- 遠隔地の優秀な人材を雇用採用
- 地域の人口流出防止。Uターン転職者の雇用増加
- 災害時の事業継続
- 通勤時間／通勤混雑の削減とプライベートの充実
- 組織外とのコラボレーションの強化

■ 在宅だけではない

「テレワーク」は在宅勤務のイメージがありますが、それ以外にも、「サテライト・オフィス勤務」「モバイル勤務」と呼ばれる働き方もあります。

業務内容に合わせて、オフィスやサテライトオフィスのスペースで、ノートPCを使ったり、移動中にモバイル端末を使ったり、コワーキングスペースで働いたり、従業員自身が自律的に働く環境を選べるようになってきてい

ます。

*

最近では、固定の席を設けずに、独りで集中して作業ができるスペースや、スタンディングデスク、ソファなど、さまざまなワークスペースが用意されています。

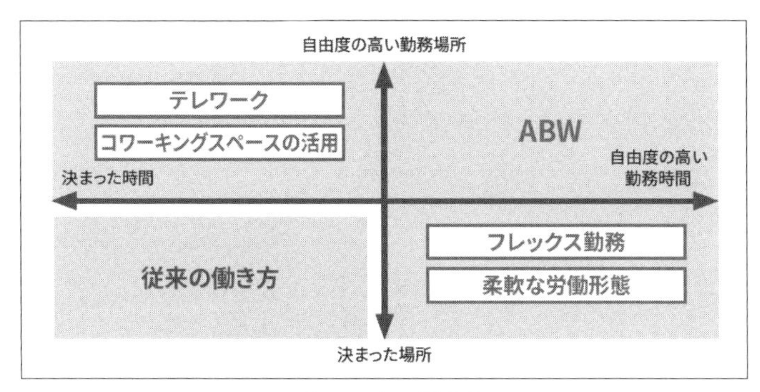

テレワークの働き方

■ テレワークのメリット

通常のオフィスでの勤務と比べて、テレワークでは、従業員と企業側、双方のメリットが期待されています。

《従業員のメリット》

- 通勤時間の短縮、通勤に伴う精神的身体的負担の軽減
- 業務の効率化、時間外労働の削減
- 育児や介護と、仕事を両立させる一助
- 顧客サービスの向上
- ワークライフ・バランスの向上

《企業のメリット》

- 業務効率化による生産性の向上
- 育児、介護などを理由とした従業員の離職の回避
- 生活基盤が遠隔地にある、優秀な人材の確保
- オフィス・コストの削減

■ 注意することもある

「働き方改革」に有効な制度として、多くのメリットが期待されるテレワークですが、運用上の問題や懸念事項として、気をつけるポイントもあります。

- 仕事と仕事以外の切り分けが難しい
- 労働時間の管理が難しい
- 長時間労働になりやすい
- コミュニケーションが疎遠になる

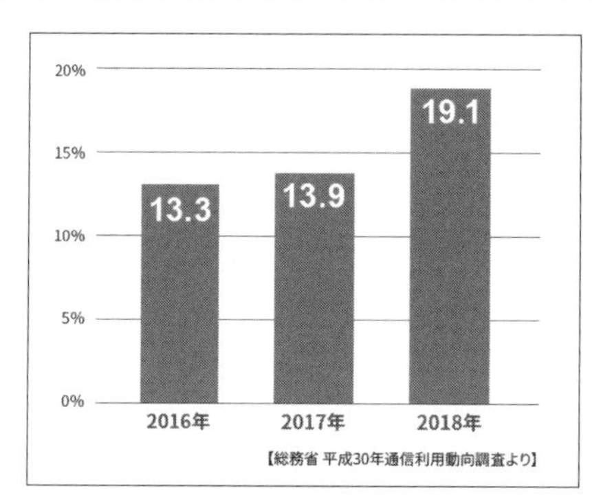

テレワーク導入企業の推移

テレワークの導入

通常のオフィス勤務でもテレワークでも、労働法規の適用は同じになります。

■ 在宅で労働基準法に準拠させる

「在宅勤務」「モバイルワーク」「サテライト・オフィス勤務」のいずれのテレワーク時においても、労働基準法をはじめとする「労働法規」が適用されます。

■ みなし労働時間制で労働時間を把握

在宅勤務であっても、一定の要件を満たせば、「みなし労働時間制」を適用できます。(労働基準法第38条の2)

従業員がオフィス外で業務に従事し、かつ労働時間の計算が困難な場合には、「みなし時間」により、「労働時間」を計算できる場合があります。
「みなし」の対象となるのは、所定労働時間が原則です。
しかし、所定時間を超えて労働することが通常必要になる場合には、そのような「通常必要となる時間」が「みなし時間」となります。

テレワークの環境を作る

テレワークの具体的な情報通信環境として、「パソコン」「タブレット」「スマホ」などの端末、クラウドサーバ、オンプレミス・サーバ、ネットワーク回線などを利用します。

サーバや従業員が利用する端末は、回線でつながっています。そのため、既存の環境を確認する際、およびICT環境を作っていく際には、サーバや端末、回線を、双方ともに確認しておきます。

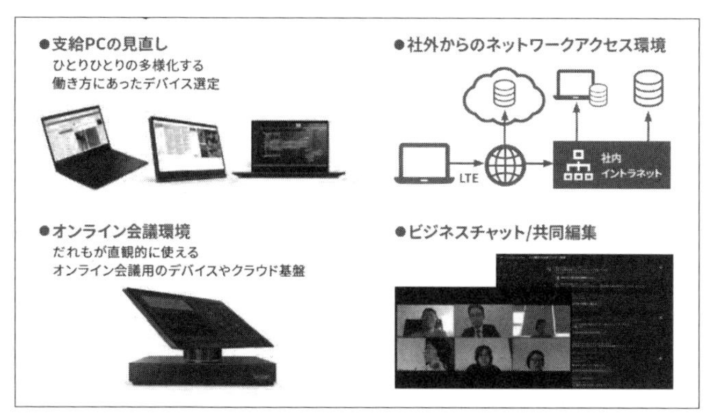

整備が必要な項目

その他

■ 公的制度も用意されている

助成金や支援制度など、政府機関が用意しているテレワーク導入促進制度があります。
各地方自治体でも、独自の支援制度を策定している場合があります。

＊

そのほか、業績／業務評価の仕組みを作ったり、情報セキュリティに関する対策もしなければいけません。

*

これらのテレワークのノウハウが紹介されている、レノボが無償で提供している資料を紹介します。

スタートアップ・ガイド

レノボは、2015年から「無制限テレワーク」を制度化し、回数に上限を設けないテレワーク制度を4年以上実施しており、またその間に、全社一斉テレワーク・デーを毎年実施しているそうです。

「無制限テレワーク」は社員の働き方改革を推進するだけでなく、災害後の通勤困難時、大規模なインフルエンザの流行時などの、事業継続性を確保することにもつながります。

東京オリンピック開催時には、約2週間を一斉テレワークとする方針も公表していました（オリンピック延期により、現在は予定のみ）。
テレワークにおいては、先進的な取り組みを行なっています。

2020年2月から顕在化した新型コロナウイルスの国内感染の拡大で、「テレワークを各自判断にて実施」の段階を経て、2月25日に政府見解を受け、即日「原則テレワークを推奨」の段階へと移行しました。

レノボが無料で配布している、『はじめようテレワークスタートガイド』は、この間に得られたテレワーク制度開始に関するノウハウをまとめた小冊子（PDF）です。

テレワーク導入時のメリットと落とし穴、労働関係法規遵守の上での注意点、阻害要因の対策などをまとめています。

今回の改定では、①テレワーク時の勤務制度、②簡単なパソコンのセキュリティ対策、③オンライン会議招集と進め方、④テレワーク実施徹底のコツ、⑤コミュニケーション円滑化のルールなど、初めて経験する大規模テレワークで必要なノウハウがまとめられています。

【はじめようテレワークスタートガイド】
https://www.lenovojp.com/business/solution/download/002/pdf/terework_startguide.pdf

※ 本記事は、上記の「はじめようテレワークスタートガイド」を参考・抜粋しています。

表1　在宅で労働基準法に準拠させるには

労働基準法	労働条件の明示	テレワークは、就業場所として、従業員の自宅を明示する必要がある。(労働基準法施行規則5条2項)。
	労働時間の把握	使用者は、労働時間を適正に管理するため、従業員の労働日ごとの始業、終業時刻を確認し、これを記録しなければならない。(労働時間の適正な把握のために使用者が講ずべき措置に関する基準・平成13.4.6　基発第339号)
	業績評価、人事管理などの取扱い	会社へ出社する従業員と異なる制度を用いるのであれば、その取り扱い内容を丁寧に説明しておく必要がある。(労働基準法89条2号)
労働条件の明示に関係する、そのほかの留意事項	通信費、情報通信機器などの費用負担	通信費や情報通信機器などの費用を負担させる場合には、就業規則に規定する必要がある。
	社内教育の取り扱い	社内教育や研修制度に関する定めの場合にも、当該事項について就業規則に規定しなければならない。

「テレワーク」を可能にする技術の活用

徳島県神山町の取り組み

■ 瀧本 往人

具体的な事例から、「ICT」を活用した「まちづくり」「都市計画」「地域創生」の可能性と課題を考えます。

ここでは、徳島県神山町における「サテライト・オフィス」誘致の取り組みから、「テレワーク」を可能にする技術について考察します。

「感染症」と「ICT 技術」

「新型コロナウイルス」の影響で、「日常生活」や「経済活動」に大きなダメージが出た中、改めて問われていることがあります。

都市部の通勤時の混雑と、オフィスに大勢の人間が集まることの「感染リスク」です。

もちろん、「物流」や「工場」「建築」などの「現場」では人間が働かざるをえませんが、いわゆる「オフィスワーク」は、特定の「場所」や「時間」にみんなで集まる必要はありません。

実際に、「感染予防」などの措置として、「在宅勤務」を奨励する企業が増えました。

この考え方は、東日本大震災後に「地方創生」の一つの手法として、特に「IT 企業」が地方に「サテライト・オフィス」を置くことで、社員が働きやすく、生活環境が豊かになるという可能性を示した流れと無縁ではありません。

＊

以下では、その事例として「徳島県神山町」の取り組みを紹介します。

そして、「サテライト・オフィス」がうまくいった「技術的根拠」を解明し、「テレワーク」が推進される中でどこまで反映されているか、どんな技術が注目されているかを明らかにします。

「サテライト・オフィス」と「ICT 技術」

従来の企業活動は、オフィスという「拠点」に社員が「同じ時間」に集まって作業することが前提でしたが、近年、「テレワーク」しやすい環境が「ICT技術」で整備されてきました。

*

「テレワーク」には、「在宅勤務」や、移動しながらの「モバイル勤務」(ノマド勤務)、「サテライト・オフィス」などの3種類があります。

いずれも、最低限必要とされている事項は共通しており、以下のようにまとめられます。

・労務管理（出退勤、労働（作業）時間）
・スケジュール共有
・文書、データの共有
・会議、打ち合わせ
・情報セキュリティ

まず、「出退勤」については、クラウド上での打刻に加えて、「GPS」で位置情報を伝えることで可能になります。

一方、「労働（作業）時間」は、「ログ管理システム」によって把握します。

スケジュールや文書、データの共有は、「グループ・ウェア」で、会議や打ち合わせについては、「Web 会議システム」や「SNS」「メッセンジャー」などで充分にやり取りができます。

ただし、これらの実現には相応の「セキュリティ」や「管理」も必要で、「共有サーバ管理」などの「体制づくり」が求められます。

こうしたインフラさえ整備すれば、どんな組織でも、「テレワーク」は充分可能になります。

■ 徳島県神山町の事例

「テレワーク」がうまくいくことが広まったのには、「徳島県神山町」の取り組みの成功によるところが大きいです。

*

「神山町」は、徳島市東部の山間部の町です。

戦後は人口約2万人でしたが、その後減少の一途をたどり、現在は5,000人を切っています。

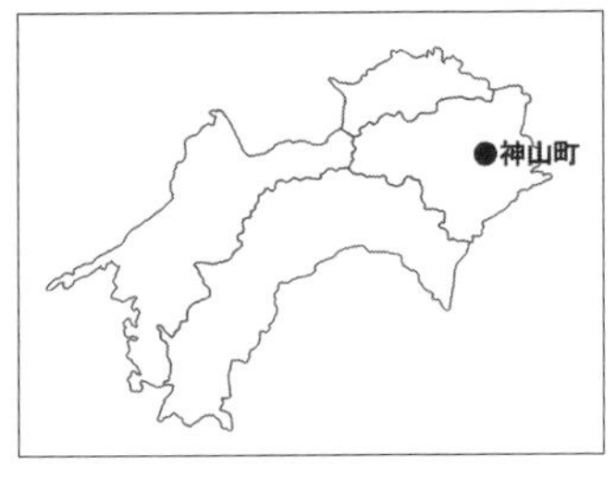

徳島県神山町

一方で、20世紀末から「町おこし」の動きが活発になり、その運営母体はNPO法人「グリーンバレー」として活動を継承しています。

また、国内で「地デジ」移行を求められた2005年には、山間部での「受信不具合」を避けるために、町内全体に「光ファイバ」を敷設。

おかげで「テレビ放送」に加え、「オンライン」や「クラウド」のインフラも整備されました。

*

他方、人口減を食い止めることは断念。

「量」ではなく「質」を変えることを目指し、文化・芸術関係の移住者を増やそうとします。

その流れの中で、技術や仕事をもっていた人が移住する「動機」を作るために、「古民家」の「リノベーション」を進めた結果、2010年以降、都市部から「サテライト・オフィス」が進出。

2012年にはその取り組みが、“豊かな自然環境の中で、先端ICT企業の社員がノートpc 1台で仕事をしている”イメージで全国的に知られ、成功事例の一つと見なされるようになりました。

*

「テレワーク」に必要な各種技術の導入はもちろんですが、大前提として「光ファイバ」の存在が大きかったと言えます。

「地デジ」という最新技術の活用が困難な立地を逆手にとった結果、「ICT企業」にとって安心できる「作業環境」が出来上がったのです。

「コロナ」感染で注目された技術

2020年現在、「テレワーク」には、定番の「サイボウズ」をはじめ、ビデオチャットには「Slack」など、さまざまな技術が活用されています。
特にここ最近で注目されたのは、Webテレビ会議システム「Zoom」です。

■「Zoom」のメリットと課題

東日本大震災のころは、「Skype」が主に使われましたが、「Zoom」ではより便利に機能が活用できるようになっています。

当時、「Skype」は「携帯電話より音質が良い」という評判が立ち、盛んに使われましたが、「ユーザー数50人まで」という制約がありました。

さらに、「ビデオ会議」の場合、数名でもできないことはないのですが、映像の「質」は、かなり厳しい状況でした。

＊

これに対して、「Zoom」は有償版なら「1,000人」まで同時に「ミーティング」に参加でき、ある程度の規模でも充分に会議ができます。

無償版では、「ユーザー管理ができない」「利用時間が40分まで」という制約があるものの、100人まで同時接続でき、画面上には25ユーザー（「スライド」すればプラス25ユーザー）まで表示できます。

また、「会議動画」を録画でき、かなり実用度が高くなっています。

ほかにも、「Office365」などの「カレンダー・システム」とも同期し、会議の開始や会議中の「ホワイトボード」の画像共有、質疑応答、アンケート、挙手、チャットなどの機能が、簡単に使えるようになりました。

何より、「Zoom」は「HDクオリティ」にもかかわらず、「パケットロス」を極力なくす独自の「圧縮技術」で、「データ転送量」が少なく済みます。

現時点では競合が見当たらないほど、圧倒的に「Zoon」の独り勝ちと言えるでしょう。

ビデオ会議ツールと テレワーク推進事業（総務省）の課題

普及の鍵は何か

■ 瀧本 往人

ここでは「テレワーク」について、さらに掘り下げ、総務省による取り組みを検証します。

「地域創生」の“切り札”とは

「地域創生」は、全国896の自治体が消失してしまうかもしれないという、増田寛也のいわゆる「増田レポート」によって、「地方消滅」の可能性が危惧されたことから叫ばれはじめた言葉です。

*

具体的には、東京圏から他の地域へ年間4万人転出させる一方で、その逆の転入を6万人減らすことを目指して、2014年12月に「まち・ひと・しごと創生総合戦略」が閣議決定されたことに端を発します。

■「サテライトオフィス」と「テレワーク」

総務省は、この流れを受けて、地方での「ICT」を活用した「就労」や「生活」を可能にするための環境づくりに着手し、2015年には「ふるさとテレワーク推進のための地域実証事業」を開始しました。

「テレワーク」自体については推進の歴史は古く、1990年代から「総務省」「厚生労働省」「経済産業省」「国土交通省」が、「**サテライトオフィス**」の増加計画を手掛けており、その流れで2000年代に入って「**テレワーク**」の強調がはじまったと言えます。

たとえば、1991年に発足した「日本サテライトオフィス協会」は、2000年1月に「社団法人日本テレワーク協会」に改名しています。

*

それに対して、「ふるさとテレワーク」は、「地方創生」の切り札の一つであり、その名の通り、ICT機器などを活用して中央（三大都市圏）とのつながりを維持しつつ地方で働き暮らすモデルをつくりあげようとするものです。

大別すると、以下の4つにまとめられます。

---

① 地方にサテライトオフィスを用意する
② 移住したい社員を地方で在宅勤務させる
③ 地方在住者をその土地で在宅勤務させる
④ 都市部の仕事を地方の起業家や事業主が請ける

このように、固定した空間や施設にこだわらずに、移動中や在宅での勤務などを含むことが、「テレワーク」のもつ重要な意味となっています。

いずれにせよ、古くは1990年代から現在に至るまで、「テレワーク」の環境整備や実現可能性が議論されたり、実証が行なわれたりしてきました。

今やそれが「地方創生」や「新型コロナウイルス対策」と関連づけられ、私たちの働き方、暮らし方のこれからのモデルとして、あらためて目の前に提示されています。

「テレワーク実証」と「ICT」

このように、テレワークの環境づくりにはそれなりの歴史と蓄積があるわけですが、いったい、これまでどのような取り組みをしてきたのでしょうか。

具体的事例は、それなりに豊富にあります。
2015年度には、「北海道ニセコ町」や「群馬県みなかみ町」をはじめ、15か所で実証が行なわれています。
続いて、**2017年度**には全国27か所、**2018年度**には11か所で同様の事業が行なわれています。
さらに、2019年度には名称を変えて「**地域IoT実装推進事業**」を進めていました。

＊

2020年4月段階では、その成果はまだ公表されていませんが、今のところ53の事例があり、これらの取り組みを整理してみると、以下の技術の整備が基軸となっていることが分かります。

- 高速インターネット回線
- 無料 Wi-Fi
- テレビ会議システム
- 監視カメラによる出退勤管理
- 電子鍵による入退室管理
- IoT とスマホを使った入退室管理
- パソコン稼働状況管理ソフト
- データ自動抹消ソフト

また、テレワークを実現しようとして、各所で生じているベーシックな問題点を整理すると、以下のようにまとめられます。

① 通信環境（高速、大容量）
② パソコンの所持（利用経験）
③ コミュニケーションツール所持（利用経験）
④ クラウド（データ共有）環境（利用経験）
⑤ セキュリティ

テレワークの課題

さらに、これらの項目を概念的に整理するなら、以下の3点が重要な要素となっていると言えます。

① インフラ（マネジメント）
② コミュニケーション
③ セキュリティ

会社のオフィスなどで働いていると、無自覚にこれら3点が揃っていて普段は気になりません。

ところが、オフィスを離れると、とたんに、何をしてよいのか、どうやって実現すべきなのか、分からなくなる傾向があります。

■ 鍵を握るビデオ会議ツール

たとえば、大手企業であれば、オフィスのパソコンとテレワークで用いる自宅のパソコンを、「リモートデスクトップ」でつなぐことによって、大幅にセキュリティリスクを低減できます。

しかし、自宅における通信環境が整備されていなければ、パソコン動作が遅くなり作業が滞るかもしれません。

＊

また、特に「ツール」の面からすると、大企業や官庁なら法人向け有料ツールを使いますが、個人事業主や起業家なら個人向け無料ツールを用いる傾向があるなど、大きな違いがあります。

「ビデオ会議ツール」一つとっても、大企業ならば、「Office365」の「Teams」を使って簡単かつ安全にビデオ会議ができますが、個人事業主の場合は「Zoom」の無料版を選択するため、当然、セキュリティへの不安や機能制限が生じます。

やはり、特に重要なのは「コミュニケーション」で、テレビ会議システム（ツール）の選択と活用が重要なカギを握るのではないでしょうか。

「ふるさとテレワーク」は官庁が絡んでいるため、どうしてもオーソライズされたツールが使われる傾向にあります。

他方では、「即応性」や「経済性」などを考えれば、無料ツールなどをうまく活用することこそ成功の秘訣ではないでしょうか（ただしセキュリティに関しては慎重に）。

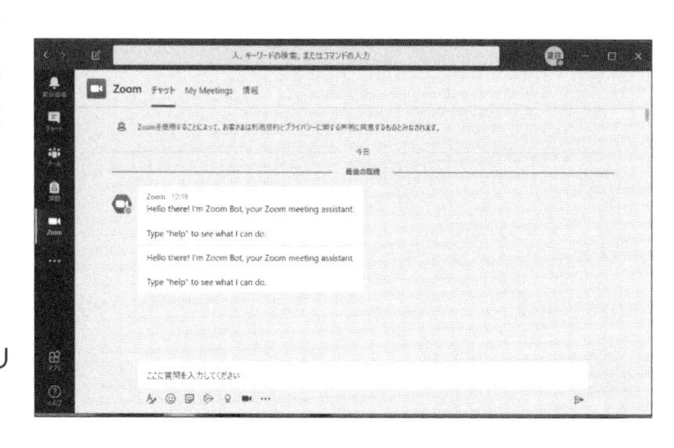

「Teams」に「Zoom」をアプリとして組み込むことも

すなわち、地域創生におけるICTの活用として、テレワークという点から見てみると、技術の新奇性や高性能化よりもむしろ、「インフラの充実と共有のしやすさ」、そして「安全性」を担保できるツールを選ぶことが重要になってくるでしょう。

変わるホームワイヤレスネットワーク

「Wi-Fi 6」が実現する家庭内高速無線通信

■ 英斗恋

Wi-Fiの新規格「Wi-Fi 6」（IEEE 802.11ax）が、2019年9月に承認されました。

Wi-Fi 6対応ルータはすでに発売されていますが、環境を整備しないと速度が出ない可能性があります。

Wi-Fi 規格

「Wi-Fi」は適時改版されており、無線機が準拠する版で、最大通信速度が決まります。

最初に「Wi-Fi 規格」の概要、変遷を見ていきましょう。

■ IEEE が管理する無線 LAN 規格

Wi-Fiの規格名称「IEEE 802.11」は、無線LAN全般の通信規格です。

米国の標準化団体「IEEE」が制定しています。

※ 以下、規格名称中の「IEEE」を省略します。

802.11は様々な規格からなり、「802.11ac」のように、語尾に英文字をつけて区別します。

規格の大半は、「無線局免許」が不要です。

■ Wi-Fi Alliance - 認証・普及活動

各社の製品が接続するネットワークでは、「相互接続性」(interoperability)が重要です。

規格制定とは別に、認証試験を実施し、相互接続性の「認定」を行なう業界団体「Wi-Fi Alliance」が設立されました。

■「WLAN」の導入期

「802.11」は 1997 年に規格化されました。

1999 年制定の「802.11a」「802.11b」から、一般に普及し始めます。
「802.11b」は 2.4GHz 帯、「802.11a」は 5GHz 帯を使います。

日本では当時、「5GHz 帯」に一部利用制限があり、5GHz 帯の「802.11a」よりも、2.4GHz 帯の「802.11b」が普及しました。

■ 5GHz 帯の利用

その後、住宅密集地やオフィスでの混雑、電子レンジの影響の受けやすさから、2.4GHz 帯とともに、5GHz 帯の利用も進みます。

国内でも 5GHz 帯利用の整理が進み、国際標準と同じ帯域幅が利用できるようになり、5GHz 帯の利用を後押しします。

■ 通信速度の向上

Wi-Fi の普及に伴い、通信速度向上への要求が高まり、規格が順次改定されます。

年表の通り、新技術は当初「5GHz 帯」で導入され、「2.4GHz 帯」が追随していました。

■ 版番号の整理

「802.11n」以降、「Wi-Fi Alliance」が版番号を振り、消費者に分かりやすくなりました。

最新の「802.11ax」は**「Wi-Fi 6」**です。

> ※ 802.11n 以前の番号は便宜上の呼称であり、正式名称でない点に注意します。

「Wi-Fi 6」の特徴

次に、最新規格「Wi-Fi6」の特徴を見ます。

■「2.4GHz」「5GHz帯」を統合した最新規格

Wi-Fiは歴史的経緯から、「2.4GHz」「5GHz帯」が別々に発展してきました。

前版の「Wi-Fi 5」は、5GHz帯のみの改版で、2.4GHz帯は「Wi-Fi 4」のままでした。

今回、「2.4GHz」「5GHz帯」共通して新技術を導入、最大通信速度が上がります。

■ 周波数利用効率の向上

現在では、個人でも複数のWi-Fi端末を持ち、多くの端末がWi-Fi網に接続しています。

「Wi-Fi 6」では、複数の端末が効率よく通信できるよう、チャンネルを時間で区切る「OFDMA」を採用しています。
各端末が比較的短いデータを送信する場合、帯域の有効利用が図られます。

■ 省電力への貢献

OFDMAによる「スケジューリング」は、各端末が通信時間以外スリープして、電力消費を抑える「target wake time」を実現します。

■ 変調方式の追加

二次変調方式に「1024QAM」(Wi-Fi 5では「256QAM」まで)を追加します。

これまでよりも通信の「情報密度」が上がり、時間あたり情報量=通信速度が上がります。

無線機間が離れている、近くにノイズ発生源があるなど、通信状況が悪いと、情報密度の低い変調方式に切り替わり、通信速度が下がる点に注意します。

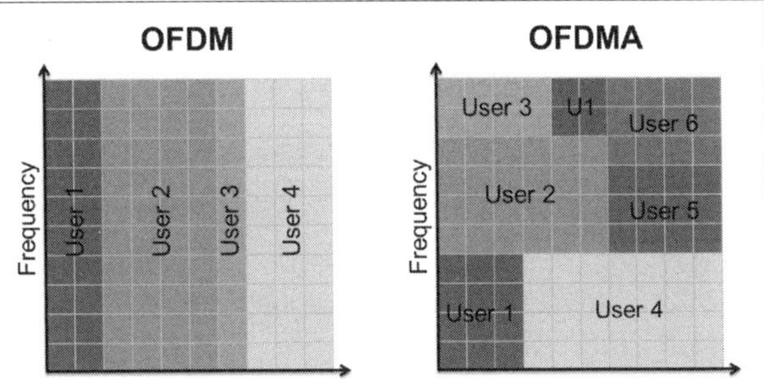

OFDM と OFDMA の違い（出典：IEEE 802-11 Overview and Amendments under development）

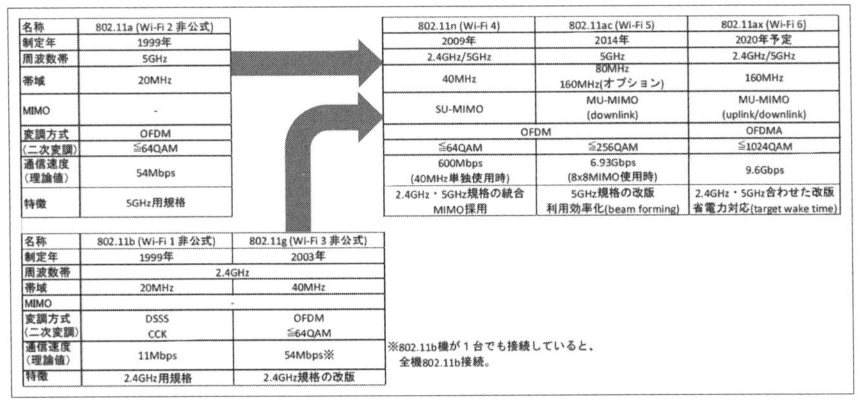

名称	802.11a (Wi-Fi 2 非公式)
制定年	1999年
周波数帯	5GHz
帯域	20MHz
MIMO	-
変調方式	OFDM
(二次変調)	≦64QAM
通信速度（理論値）	54Mbps
特徴	5GHz用規格

802.11n (Wi-Fi 4)	802.11ac (Wi-Fi 5)	802.11ax (Wi-Fi 6)
2009年	2014年	2020年予定
2.4GHz/5GHz	5GHz	2.4GHz/5GHz
40MHz	80MHz 160MHz(オプション)	160MHz
SU-MIMO	MU-MIMO (downlink)	MU-MIMO (uplink/downlink)
OFDM		OFDMA
≦64QAM	≦256QAM	≦1024QAM
600Mbps (40MHz単独使用時)	6.93Gbps (8x8MIMO使用時)	9.6Gbps
2.4GHz・5GHz規格の統合 MIMO採用	5GHz規格の改版 利用効率化(beam forming)	2.4GHz・5GHz合わせた改版 省電力対応(target wake time)

名称	802.11b (Wi-Fi 1 非公式)	802.11g (Wi-Fi 3 非公式)
制定年	1999年	2003年
周波数帯	2.4GHz	
帯域	20MHz	40MHz
MIMO	-	
変調方式（二次変調）	DSSS CCK	OFDM ≦64QAM
通信速度（理論値）	11Mbps	54Mbps※
特徴	2.4GHz用規格	2.4GHz規格の改版

※802.11b機が１台でも接続していると、全機802.11b接続。

802.11 規格の変遷

Wi-Fi 6 対応ルータ

■ Wi-Fi 6 認定プログラムの開始

「Wi-Fi 6 規格」の発行手続きは完了していませんが、すでに Wi-Fi Alliance は認定プログラム「Wi-Fi CERTIFIED 6」を開始しています。

以下のロゴを目印にして探すといいでしょう。

Wi-fi 6 企画ロゴ

「Wi-Fi 6」を活かすために

Wi-Fi 接続で高速通信を享受するには、いくつか気をつける点があります。

■インターネット回線の高速化

Wi-Fiの「無線部分」の通信速度が早くても、その先の「有線回線」が遅ければ、全体の通信速度は上がりません。

近年では録画したTV番組の視聴など、家庭内に閉じた通信を行なうこともありますが、ネット上のコンテンツを利用する場合、家庭用光通信が想定されています。

規格上の最大速度は、「端末1台が帯域を専有」「最効率二次変調方式を使用」「再送が発生しない」…と、実使用上と離れた条件の値です。

「Wi-Fi 6」の導入時にも、過度に高速な光回線契約は不要でしょう。

■無線通信環境に左右される通信速度

Wi-Fiでは、通信環境が良好でないと、低速度の二次変調方式を選択したり、パケットの再送が起こり、通信速度が低下します。

自宅内であっても、距離が離れていたり、間に壁があるなど、無線通信環境が良好でないと、本来の通信速度が出ないことがあります。

■「リピータ」によるメッシュ化

「ルータ」(親機)と「PC・スマホ」(子機)の間に、通信を中継する「リピータ」(中継機)を置き、アクセスポイントを網目状に配置する「メッシュ」網が注目されています。

「メッシュ網」では中継機経由で通信が行なわれるため、「インターネット・サーバ」にデータが届く速度に若干の遅延が生じます。

短いデータを送信する場合、通信環境の向上と、中継の遅延のトレードオフになります。

動画像のようにまとまったデータでは、問題とならないでしょう。

■ Google Nest Wifi

メッシュ化対応製品に、Google「**Nest Wifi**」があります。

Google「**Nest**」ブランドは、「スマート・スピーカ」や、さまざまな家庭向け製品を販売しています。

「Nest Wifi」は、2016年末発売の「Google Wifi」の後継機で、「ルータ」と「リピータ」からなる製品です。

日本では外観の白い配色から「Nest Wifi Snow」として発売されています。

本製品の最大の特徴は、「ルータ」「拡張ポイント」(リピータのこと)ともに、複雑な設定が不要で、間隔をおいて拡張ポイントを配置するだけで、メッシュ網が完成する点にあります。

IT機器を意識させない、家庭内で目立たないデザインも好評です。

Google「Nest Wifi Snow」

なお、「Google Nest Wifi」は「Wi-Fi5」(802.11ac)対応製品です。

最新の「Wi-Fi6」で家庭内LANを構築したい場合、注意してください。

「無線LANルータ」の選び方

注目すべきポイント

■ 勝田有一朗

2019年は無線LANの新規格「Wi-Fi 6」(第6世代無線LAN、IEEE802.11ax)対応機器のスタートアップ年。1年をかけてさまざまな「Wi-Fi 6」対応無線LANルータが登場し、エントリーからハイエンドまでの選択肢が出揃いました。

*

ここでは、これら新規格対応の「無線LANルータ」を中心に、製品スペックのどういった部分に気を付ければ良いかなどを紹介していきます。

ポイント① 対応する無線LAN規格

■「無線LAN規格」は上位互換

現行の「無線LANルータ」は、ほとんどが「Wi-Fi 6」(IEEE 802.11ax)か「Wi-Fi 5」(IEEE 802.11ac)対応のどちらかです。

基本的に新しい「Wi-Fi 6」が優れていますが、製品の選択肢はまだ「Wi-Fi 5」のほうがはるかに多いです。

さらに言えば、「Wi-Fi 6」のメリットを活かすには、対となる端末(「スマホ」など)も「Wi-Fi 6」対応の必要があります。

最新スマホを使っていたり、将来性を鑑みるなら、「Wi-Fi 6」対応無線LANルータですが、そうではなく現状のコスパを重視するのであれば「Wi-Fi 5」対応製品も悪くありません。

ポイント② 最大転送速度

■「最大転送速度」は規格や製品スペックによって決まる

「最大転送速度」の上限は、規格ごとに決まっており、新しい規格のほうが「最大転送速度」は速くなります。

そこから製品ごとのスペックに応じて、規格フルスペックか、それとも半分になるのか、などが決まります。

同じ「Wi-Fi 6」対応の無線LANルータであっても製品によって最大転

送速度が異なるのは、そういう理由からです。

(左)「Wi-Fi 6」対応で「最大 4,804Mbps」の「Archer AX6000」(TP LINK)
実売価格 3 万円台前半
(右)同じく「Wi-Fi 6」でも「最大 2,402Mbps」の「Archer AX50」(TP LINK)
実売価格も 1 万円台前半と安価

■ 最大転送速度の謳い文句

また、製品の謳い文句として「最大転送速度」を「○○○○ Mbps + ○○○ Mbps」と記している場合が多いです。

これは、「5GHz 帯の最大+ 2.4GHz 帯の最大」を表しています。

両者は併用可能なので、その合算が最大転送速度というわけです。

ポイント③ 対応周波数帯

■ 全製品で共通の対応周波数帯

「無線 LAN ルータ」のスペックには、無線通信に使用する周波数帯が記載されています。

- 5GHz 帯(W52/W53/W56)
- 2.4GHz 帯(1 〜 13ch)

といった内容が記載されていますが、これは規格で定められていて、どの製品もほぼ同じ内容です。

■ トライバンド

「5GHz帯」と「2.4GHz帯」の両方に対応するものを一般に「デュアル・バンド」と呼びますが、付随して注目したいキーワードに「トライバンド」があります。

字のごとく「3つの周波数帯を同時に扱える機能」で、一般的に「5GHz帯」を1つ多く使えます。

2つの「5GHz帯」にそれぞれ異なるチャンネルを割り当て、それぞれ干渉することなくフルスピード通信できる点がメリットです。

「Wi-Fi 6」「トライバンド」に対応するゲーミング無線LANルータ
「ROG Rapture GT-AX11000」(ASUS)

*

また、「トライバンド」対応製品では、最大転送速度の謳い文句も「4,804Mbps + 4,804Mbps + 1,148Mbps」といった具合に3つに増えています。

この記述から「トライバンド」対応であると確認することもできます。

無線LAN機器の数が多く、それぞれの通信速度も重視するならば「トライバンド」を検討してみてください。

ポイント④　アンテナ構成

■ アンテナの本数

無線LANの「アンテナ構成」は、「2x2」や「4x4」といった形で表わされ、これは「受信アンテナ本数×送信アンテナ本数」という意味になります。

「Wi-Fi 6」「8x8」「トライバンド」のハイエンド機「Archer AX11000」(TP LINK)
サイズも「288mm四方」とビッグ

＊

昨今の無線LANはアンテナを複数利用する「MIMO」という技術で高速化してきました。

すなわち、アンテナ本数の多いほうが最大転送速度も、上という認識でいいでしょう。

ただ、アンテナ本数が増えると、当然筐体サイズも大きくなるので、設置場所についてはよく確認する必要があります。

■ 端末側のアンテナ本数も重要

無線LANルータの最大スペックを発揮するには、「端末側（スマホなど）のアンテナ本数」も伴わなければなりません。

ところが、「Wi-Fi 6」に対応する最新のアップル「iPhone 11」でさえアンテナ構成は「2x2」、「最大転送速度1,200Mbps」でしかありません。

一般的なスマホは、ほとんどが「2x2」です。

■ 余剰アンテナの有効活用

では、「8x8」「最大転送速度 4,804Mbps」といった「ハイエンド無線 LAN ルータ」は、無駄な過剰スペックなのかというと、必ずしもそうではありません。

*

無線 LAN ルータのオプション機能の 1 つに「MU-MIMO」(Multi User-MIMO) というものがあり、これに対応する端末 (スマホ) であれば、複数台同時通信が可能となります。

複数のスマホを同時使うのであれば「8x8」や「4x4」の複数アンテナが役立ちます。

…ただ、実際のところ、「MU-MIMO」に対応するスマホは限られていて、アップルも「iPhone X」以前の機種では非対応です。

*

では、「iPhone X」以前のユーザーに恩恵はないのかというと、「iPhone 6」以降であれば「ビーム・フォーミング」機能が使えます。

「ビーム・フォーミング」は複数アンテナ間で信号出力を調整し、より端末へ届きやすい電波を作り出すものです。

「ビーム・フォーミング」は、無線 LAN ルータのアンテナ本数が多いほど精度が増し、安定した通信を提供します (「4x4」以上を推奨)。

■ 通信範囲拡大に「メッシュ Wi-Fi」

無線 LAN ルータの通信範囲拡大手段として「メッシュ Wi-Fi」が注目されています。

ASUS 独自の「AiMesh」対応無線 LAN ルータ「ZenWiFi AC (CT8)」「AiMesh」対応製品を組み合わせて「メッシュ Wi-Fi」を構築する

これは「無線LANルータ」に、専用の「中継器」を加えることで、より広範囲に安定した通信を提供するものです。

利用中にスマホをもったまま「中継器」をまたぐように移動しても、自動的にローミングされるので一切気にかける必要はありません。

もし家の中に無線通信の不安定な場所があって困っている場合は「メッシュWi-Fi」対応無線LANルータの導入も検討してみてください。

ポイント⑤ 有線LANのスペック

■ 10Gbps対応LAN

「1Gbps超」のインターネットサービスも増えてきたことから、無線LANルータにもハイエンド機種を中心に「1Gbps」を超えるLANポート(「10GBASE-T」など)を搭載する製品が登場し始めています。

超高速インターネットを利用するのであれば、これら「有線LANポート」の確認も重要です。

WAN側1ポートとLAN側1ポートが「10GBASE-T」に対応する
「WXR-5950AX12」(バッファロー)

■「IPv6サービス」への対応度

国内の超高速インターネットサービスでは、「IPv6」に「IPv4」を乗せるため、「DS-Lite」や「MAP-E」という技術を使っています。

■ 注意点

海外メーカー製の無線LANルータの多くが、これら「DS-Lite」や「MAP-E」を用いた**「IPv6サービス」に対応していません。**

「APモード」(アクセスポイント)として運用するのであれば問題ありませんが、「無線LANルータ」として「ルータ機能」も使いたい場合は**「DS-Lite」「MAP-E」対応を謳っている国内メーカー製品を選択しましょう。**

＊

これまでの話を総括しましょう。

・「Wi-Fi 6」対応が望ましいが、使用端末によっては「Wi-Fi 5」でも充分。

・最大転送速度は「MU-MIMO」の複数接続時に威力を発揮する。
複数端末でもっと安定した高速通信を求めるなら「トライバンド」を検討。

・アンテナ構成は「4x4」を基本に。
「2x2」はワンルームなど見通せる範囲内での利用推奨。
「8x8」は一般用途では少々過剰？　広範囲向けには「メッシュWi-Fi」の検討も。

・「1Gbps超」のインターネットを利用するなら「有線LANポート」の仕様も要確認。

特に最新の「Wi-Fi 6」対応スマホに乗り換えた場合などは、「無線LANルータ」も新調すると驚くほどスピードアップする可能性が高いです。
ぜひ検討してみてください。

第4章

セキュリティ

「コロナ接触感染アプリ」「Zoom」など、新たに登場したアプリや注目を集めるアプリが現われました。
ここでは、そういったアプリのセキュリティ面や新たな脅威などを解説していきます。

「コロナ接触確認アプリ」のセキュリティ面

各国の状況

■ 御池 鮎樹

世界中を大混乱に陥れ、猛威を振るう「コロナ・ウイルス」対策の一環として、世界各国で導入された「コロナ接触確認アプリ」。

日本でも2020年6月19日にプレビュー版がリリースされましたが、ここでは「コロナ接触確認アプリ」の概要と、セキュリティ面について考えます。

世界各国で導入開始。「コロナ接触確認アプリ」

日本でも6月19日、「新型コロナウイルス接触確認アプリ」(通称「COCOA」)の名称でプレビュー版「コロナ接触確認アプリ」がリリースされました。

日本の公式接触確認アプリ「COCOA」
(Android版:https://play.google.com/store/apps/details?id=jp.go.mhlw.covid19radar)
(iOS版:https://apps.apple.com/jp/app/id1516764458)

「コロナ接触確認アプリ」は、新型コロナ感染者の情報を元に、感染者と濃厚接触の機会があったユーザーを検出。

感染の可能性があるユーザーに警告を発したり、検査などを推奨するなどの方法で、新規感染者の早期発見や感染拡大防止を目的とするアプリです。

まずは、以下で概要を説明します。

■ どのようにして「接触」を「確認」するのか?

「コロナ接触確認アプリ」の最も重要な機能は、「新型コロナ感染者」と「濃厚接触の機会があったユーザー」を検出することです。

*

では、どのようにして「濃厚接触の機会」を確認するのでしょうか。

導入する国やアプリ、さらにはアプリのバージョンによってその方法は異なりますが、基本的には「GPS」や「Wi-Fi 」を元にした「**位置情報**」や、近距離無線通信規格「**Bluetooth**」を使って、「濃厚接触」かどうかを判定します。

● 位置情報

「GPS」や「Wi-Fi」を元にした「位置情報」を使う方法は、シンプルです。

「GPS」や「Wi-Fi」の測位システムを利用し、「コロナ接触確認アプリ」(をインストールしたスマートフォン)の「位置」をリアルタイムで取得。

新型コロナ感染者(のアプリがインストールされたスマートフォン)と至近距離で一定時間を過ごしたユーザーを「濃厚接触者」と判定します。

● Bluetooth

一方、「Bluetooth」を利用した方法は少し異なります。

「Bluetooth」には測位機能はありませんが、近距離無線通信規格である「Bluetooth」の有効通信距離は通常10m程度であり、また信号の強度で大まかな距離が分かります。

つまり、信号強度が強いBluetooth接続が成立する2台のスマートフォンは至近距離にあると考えられるわけで、これを利用して「濃厚接触者」の判定を行ないます。

*

現在では、日本を含めた多くの国が、「Exposure Notification API」に則った「コロナ接触確認アプリ」を利用しています。

「**Exposure Notification API**」は、ユーザーのプライバシー保護のため、「GPS」や「Wi-Fi」を利用せず、「Bluetooth」のみで「濃厚接触判定」を行なう仕組みになっています。

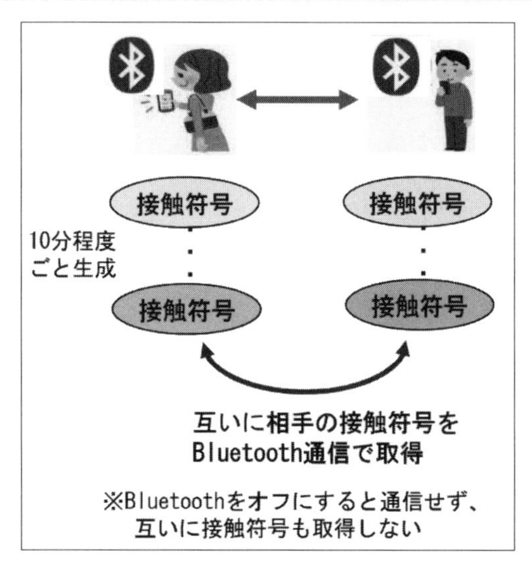

「COCOA」を含む多くのアプリは「Bluetooth」で接触判定を行なう
（厚生労働省「新型コロナウイルス接触確認アプリについて」より）
（https://www.mhlw.go.jp/content/10900000/000641655.pdf）

■「新型コロナ対策」につなげる仕組みは？

「コロナ接触確認アプリ」を「新型コロナ対策」につなげるには、「新型コロナ感染者」と「濃厚接触者」と判定されたユーザーに対して、何らかのリアクションをとる必要があります。

リアクションの内容は、国や地域によってさまざまです。

中国のような強固な中央集権国家では、アプリのインストール時に名前や電話番号、国民識別番号といった詳細な個人情報の入力を求められる例が多く、「濃厚接触者」と判定された場合には、情報が自動的に政府機関に送信されたり、自宅待機や保健機関への届け出が義務づけられる例が大半です。

また、韓国や台湾のような民主主義国家でも、プライバシー保護より公衆衛生を優先する国は少なくありません。

＊

一方、Apple社とGoogle社が公開した「Exposure Notification API」は、個人情報を利用せず「ランダムに生成する鍵情報」を元に「濃厚接触判定」を行なっており、感染者となった場合の保険機関などへの情報送信にもユーザーの同意が必要という仕様になっています。

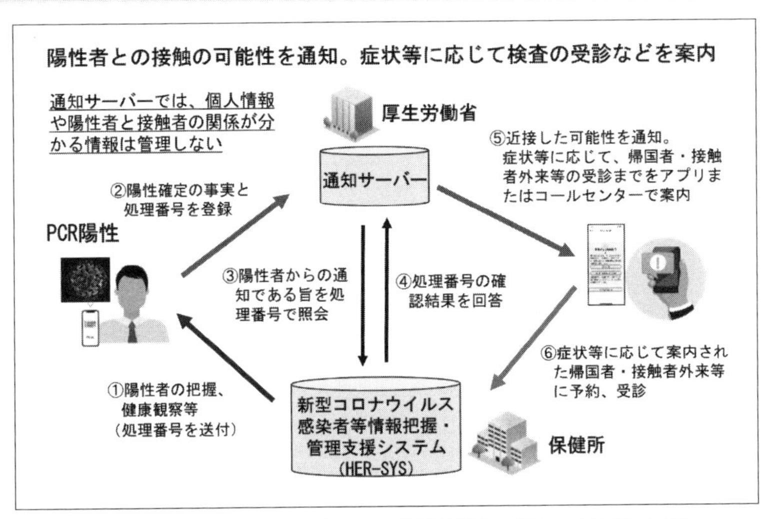

（厚生労働省「新型コロナウイルス接触確認アプリについて」より）

つまり、「Exposure Notification API」に「UI」を被せただけのシンプルな「コロナ接触確認アプリ」の場合は、「濃厚接触」があった場合にユーザーに通知して注意喚起を行なう程度の機能しかなく、日本はこのタイプです。

「コロナ接触確認アプリ」に危険はないのか？

以上を踏まえて、「コロナ接触確認アプリ」のセキュリティ面を考えてみましょう。

■ すでに多数出現！危険な「偽アプリ」

まず最初に、これは「コロナ接触確認アプリ」そのものの問題ではないのですが、多くのユーザーに利用されるアプリである以上、必ず付きものの問題があります。

「**偽アプリ**」や「**偽通知メール**」です。

*

最初に確認された新型コロナアプリ関連の「偽アプリ」は、新型コロナ感染者情報の公開で有名な米ジョンズ・ホプキンス大が作った「新型コロナ感染状況マップ」に偽装したものです。

2020年3月上旬に発見されたこのマルウェアは、新型コロナ感染状況マップの偽サイトを閲覧しようとした際にダウンロードを求められるもので、その正体はWindowsを対象とする「情報窃取マルウェア」でした。

*

また、英国では2020年5月、「**コロナ接触確認アプリ**」の試験運用が始まりましたが、試験運用開始からわずか一週間で、アプリからの通知に偽装した「偽メール」が大量に出回りました。

その内容は、「濃厚接触者の可能性があるので当局に届け出なさい」というもので、メールに記載されているリンク先は個人情報の「**フィッシング詐欺サイト**」でした。

*

さらに、シンガポールでは6月、政府公式の接触確認アプリ「**TraceTogether**」とそっくりな偽アプリが複数発見されており、その正体はネット銀行のアカウント情報や端末内の個人情報を盗み出す「**トロイの木馬**」でした。

日本の「COCOA」の元となったオープンソース・プロジェクトは、シンガポールの接触確認アプリ「TraceTogether」に触発されて開発がスタートした
(Android版：https://play.google.com/store/apps/details?id=sg.gov.tech.bluetrace)
(iOS版：https://apps.apple.com/jp/app/id1498276074)

*

そして、真偽は不明ですが、インド最大の英字新聞「The Times of India紙」によると、「コロナ接触確認アプリ」は国家間のサイバー兵器として利用されている可能性もあります。

インド政府は2020年4月2日、「GPS」による測位と「Bluetooth」を併用して濃厚接触判定を行なう公式アプリ「**Aarogya Setu**」をリリースしていますが、パキスタンの情報機関「ISI」が、その偽アプリをインド軍人にバラまいていると軍に注意喚起を行なったというのです。

国家間のサイバー攻撃に使われた？インドの公式接触確認アプリ「Aarogya Setu」
(https://play.google.com/store/apps/details?id=nic.goi.aarogyasetu)

＊

6月現在、登場から間もない日本の「**コロナ接触確認アプリ**」では、まだ偽物は発見されていませんが、以上のように海外ではすでに、多くの偽アプリや偽通知メールが確認されており、今後日本でも必ず登場するので、注意が必要です。

■ アプリ自体の設計ミス

「コロナ接触確認アプリ」の中には、設計自体にミスが含まれていた例もあります。

＊

たとえば、カタールの接触確認アプリ「EHTERAZ」などはその典型例です。

登場当初の「EHTERAZ」には致命的な欠陥がありました。

送信するデータは暗号化こそされていたものの、認証時に要求されるのはアプリのインストール時に入力を要求されるカタールの国民識別番号「Qatari ID」だけだったため、11桁の「Qatari ID」さえ分かれば誰でも、世界のどこからでも、「EHTERAZ」が収集したカタール国民の個人情報が覗き見放題だったのです。

この設計ミスは2020年5月末にはバージョンアップで対策されましたが、それまでの約1ヶ月間、カタール国民の個人情報は海外からも盗み見放題だったことになります。

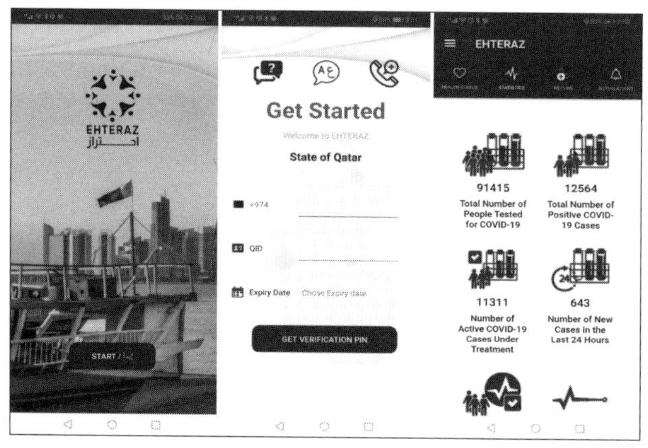

大きな設計ミスが発見されたカタールの公式接触確認アプリ「EHTERAZ」
（Android版：https://play.google.com/store/apps/details?id=com.moi.covid19）
（iOS版：https://apps.apple.com/jp/app/id1507150431）

■ バグや脆弱性の問題

さらに、「バグ」や「脆弱性」の問題もあります。
「コロナ接触確認アプリ」の開発はどの国でもかなりの突貫作業だったようで、どこのアプリでも大小さまざまなバグが報告されており、これは日本の「新型コロナウイルス接触確認アプリ」（通称「COCOA」）も例外ではありません。

「COCOA」は、Apple社とGoogle社の「Exposure Notification API」に「UI」を被せただけの比較的シンプルなアプリですが、元となったのは個人が中心のボランティア・ベースのオープンソース・プロジェクトが開発したコードで、しかも作業期間は3週間しかありませんでした。

そのため、2020年6月19日のリリース直後から、「Bluetoothの設定によっては再起動できない」「利用開始日が不正確」「陽性情報の送信が正常に行えない場合がある」など、次々とバグが見つかり、炎上と言っていいレベルの騒ぎとなりました。

言うまでもない話ですが、責められるべきは元となったコードを開発したオープンソース・プロジェクトのメンバーではなく、開発を無理なスケジュールで急がせ、ろくにテストもしないまま公開した厚生労働省です。

＊

加えて脆弱性に関してはもう一つ、気になる話題があります。

それは、「Bluetooth」の危険な脆弱性「**BIAS**」(**Bluetooth Impersonation AttackS**)です。

もちろん、「BIAS」や「BlueBone」は「Bluetooth」の脆弱性であり、「コロナ接触確認アプリ」の脆弱性ではありませんが、日本の「COCOA」も含めて接触確認アプリのほとんどは「Bluetooth」の信号強度を濃厚接触判定に利用します。

である以上、「Bluetooth」の脆弱性問題は深刻です。

・新たに発見された「Bluetooth」の脆弱性「BIAS」
https://francozappa.github.io/about-bias/

■ プライバシーは大丈夫？

最後に、「**プライバシー**」の問題です。

結論から言えば、こと日本の「COCOA」に関しては、未知の脆弱性などの問題を除けば、プライバシー侵害の心配はありません。

「COCOA」が利用するApple社とGoogle社の「Exposure Notification API」は、プライバシー保護に重点を置いて開発されたAPIで、個人を識別可能な情報は収集されず、濃厚接触判定に利用されるデータは15分ごとにランダムに生成される「鍵情報」をベースに管理されます。

また、新型コロナウイルスに感染した場合の感染報告もユーザーの任意で、勝手に送信されることはないからです。

＊

加えて、「COCOA」の元となったオープンソース・プロジェクトが開発したコードは「GitHub」で公開されており、こちらも問題は見つかっていません。

「COCOA」の元となったオープンソース・プロジェクトのサイト。
リンク先の「GitHub」でソースコードが公開されている
https://lp-covid-19radarjapan.studio.design/

ただし、海外の、特に強権的な国家ではすでに、「コロナ接触確認アプリ」が事実上、国民監視アプリとなっている例が多数存在しています。

あっという間に急増した町中の監視カメラと同様に、新型コロナウイルスの流行と「コロナ接触確認アプリ」の普及は、政府による国民監視を正当化する契機になりかねないと懸念する声もあります。

加えて、「COCOA」自体にプライバシー侵害の心配はありませんが、アプリで感染者との濃厚接触が警告された場合、他人との接触機会が少ない人であれば記憶を辿って感染者を特定できる可能性があります。
職場などのメンバー全員が濃厚接触の警告を受ければ、職場内で“犯人捜し”が始まってしまうようなことはあるかもしれません。

「コロナ接触確認アプリ」はインストールするべき？

「COCOA」のダウンロード数は、リリースからわずか4日で392万件に達しました。
この数字は、日本よりはるかに感染者数が多いドイツでは公開後わずか1日で650万件に達した例と比べるとやや見劣りしますが、かなり順調な滑り出しだと言えます。

英オックスフォード大学の研究によると、「コロナ接触確認アプリ」の**普及率が地域住人の6割**まで浸透すれば「“ロックダウン不要で”新型コロナウイルスの感染を制圧可能」になり、普及率がそれ以下であっても普及率に応じた効果が期待できるとされています。

＊

「COCOA」が新型コロナウイルス対策として有用なツールであることは間違いありません。

感染症対策と言えば予防接種が代表格ですが、予防接種も稀に副作用が出るなど、リスクが無いわけではありません。

公衆衛生を考えれば、「COCOA」のインストールには充分意味があり、できればインストールしておきたいところです。

オンライン会議サービス「Zoom」の落とし穴

「Zoom」の問題点

■ 御池 鮎樹

新型コロナウイルスの流行によって、利用者が急増したオンライン会議サービス「Zoom」ですが、「Zoom」にはさまざまな問題が見付かっており、批判的な声も高まっています。

ここでは「Zoom」の問題点を説明し、その使い方について考えてみます。

人気急上昇のオンライン会議サービス「Zoom」

新型コロナウイルスの猛威が未だ終息の気配すら見せない中、「オンライン会議サービス」が注目を集めています。

中でも「Zoom」の勢いは凄まじく、2019年末時点で最大1,000万人だった月間利用者数が、2020年3月には2億人にまで激増。4月現在もその勢いは留まるところを知りません。

・利用者が急増し、インフラとなりつつあるオンライン会議サービス「Zoom」
https://zoom.us/

■ 手軽で簡単、高品質な「Zoom」

オンライン会議サービスは多数ありますが、ほとんどのサービスは、「サービス独自のアカウントが必要」「『友だち』である必要がある」「専用クライアントアプリが必要」「利用可能なプラットフォームが決まっている」等の制限があります。

つまり、利用するにはユーザー側がある程度、利用したいサービスに合わせた環境を構築しなければならないわけです。

それに対して「Zoom」は、サービスの独自アカウントが不要で、Webブラウザからも利用可能です。

つまり、環境を構築する必要がなく、招待してもらうだけで、あるいは「ミーティングID」と「パスワード」さえ入手できれば誰でも気軽に利用できます。

加えて、「オンライン会議」としての品質も、「Zoom」は非常に優れています。

「Zoom」は100人近い参加者が同時接続しても、動画や音声の品質低下がほとんどなく、低速度のモバイル回線などでも多くの場合、問題なく利用できます。

*

しかし、「Zoom」に対しては批判の声も、少なからずあります。
というのは、「Zoom」の安全性に疑問を投げかけるようなニュースが、次々と報じられたからです。

次々と発見される「Zoom」の脆弱性

「Zoom」をめぐるもっとも深刻な問題は、次々と脆弱性(ぜいじゃくせい)が発見されていることです。

■ 極めて危険な「Windows用クライアント」の脆弱性

ユーザー数が急増したこともあって、2020年に入ってから「Zoom」には、いくつもの脆弱性が発見されています。

中でも深刻だったのが、Windows用クライアントの**「UNC(Universal Naming Convention)パス処理の脆弱性」**です。

*

この脆弱性は、不正に細工されたURLリンクをクリックすると、Windowsの認証情報を盗まれたり、任意のプログラムが実行されてしまうという非常に危険、かつ悪用が容易なもの。
これは2020年3月31日に明らかになり、事態を重く見たZoom社は、翌4月1日、即座に修正プログラムを公開しています。

■ “マルウェア的”と非難されたMacOS用クライアント

また、「Mac用クライアント」でも、MacOS上で「root権限」を取得できてしまう脆弱性や、バックグラウンドで「カメラ」や「マイク」の制御を乗っ取ってしまう脆弱性が発見されています。

*

「Zoom」の「Mac用クライアント」には、もともとApple社非推奨の方法を使ってMacOSの「インストール警告画面」や「デバイスへのアクセス権限確認」をスキップ（＝無力化）する仕組みが備わっており、見付かった脆弱性はこれを悪用したものでした。

そのため、「Zoom」のこういった仕組みは、一部のセキュリティ専門家から「マルウェア的」だと指摘され、Zoom社は即座にインストーラーを標準的な動作に修正したものの、非難の的となりました。

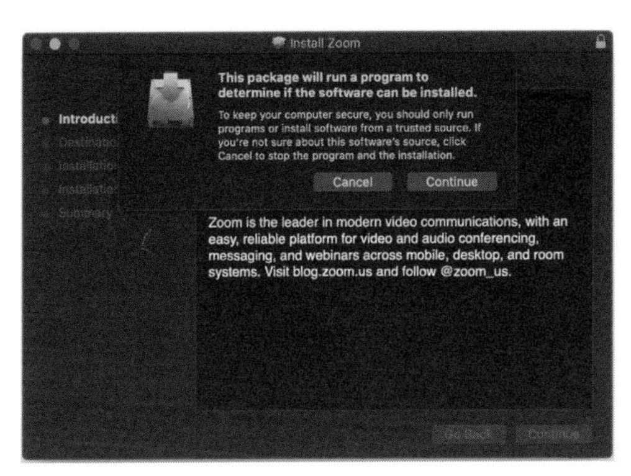

「クリック数を減らすため」に、MacOS上で「Zoom」のインストーラーは“マルウェアのように”「インストール警告画面」の一部をスキップする。
（発見者である独VMRay社のテックリード、Felix Seele氏のTwitterより　https://twitter.com/c1truz_）

■集団訴訟を起こされた「Facebook」への情報送信

さらに、これは脆弱性ではありませんが、iOS用クライアントでも問題が見付かっています。

＊

「Zoom」は、「Facebook」との連携機能を備えており、「Facebookアカウント」でもログイン可能です。

そして「Zoom」の「Facebook連携機能」はアプリに組み込まれた「Facebook SDK」で実現されているのですが、「iPhone」や「iPad」に「Zoom」をインストールすると、「Facebookアカウント」の有無にかかわらず、ユーザーの情報がFacebookに送信されるようになっていたのです。

加えて、「Zoom」のプライバシーポリシーには、「Facebookアカウント」でログインした際に情報が送信されることは記載されていたものの、そうでないユーザーの情報までFacebookに送信されるとは記されていませんでした。

そのため、プライバシー意識が高い米国では大問題となり、「Zoom」は非を認めて謝罪し、「Facebook SDK」をアプリから取り除いたものの、集団訴訟を起こされてしまいました。

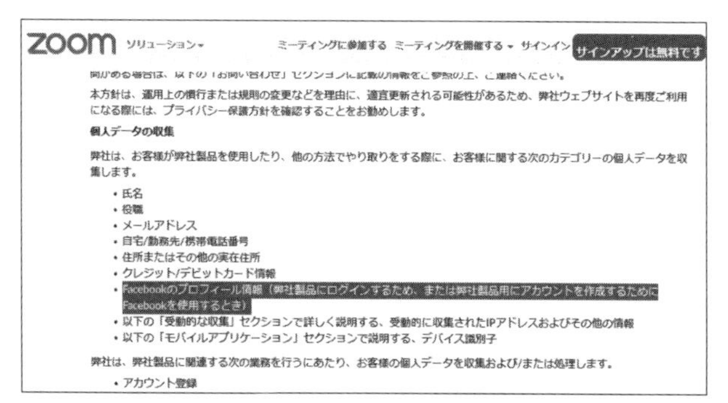

今年3月29日に改訂される“前”の「Zoom」のプライバシーポリシー
（https://zoom.us/jp-jp/privacy.html）

強固、とまでは言えない「Zoom」の暗号化

Zoom社は、公式の「Security Guide」において、「Zoom」の通信は「256ビットのAES」を利用し、「エンド・ツー・エンド」（End-to-end）で暗号化されており、極めて安全と説明していました。

しかし、カナダのトロント大学の研究者は4月3日、同大学の「Citizen Lab」で、「Zoom」の暗号化はZoom社の主張ほど完璧ではないという内容の論文を発表し、Zoom社もそれを認め、謝罪したのです。

・「Citizen Lab」が発表した「Zoom」のセキュリティに疑問を投げかける論文
https://citizenlab.ca/2020/04/move-fast-roll-your-own-crypto-a-quick-look-at-the-confidentiality-of-zoom-meetings/

■ 間違いを認めた「エンド・ツー・エンド」

まず「エンド・ツー・エンド」ですが、「Zoom」の通信暗号化は、厳密な意味では「エンド・ツー・エンド」ではありません。

＊

「Zoom」の通信を暗号化するために使われる「暗号鍵」は、Zoom社の「鍵管理サーバ」で一括管理されています。

つまり、純技術的な話としては、Zoom社は自社の「鍵管理サーバ」から暗号鍵を取り出すことで、「Zoom」上の通信を“盗聴”できるわけです。
たとえ運営者であっても、利用者以外の第三者が盗聴可能なシステムは「エンド・ツー・エンド」とは言えません。

もちろん、Zoom 社は規約などで、「ユーザーデータに直接アクセスすることは無い」と名言しており、またもし Zoom 社がユーザーデータを“盗聴”するようなことがあれば、これは通信の秘密を侵害する違法行為です。

しかし、通信の秘密には例外があります。それは政府や司法関連機関による「**開示請求**」です。

Zoom 社は米国の企業で、米国政府は「愛国者法」により、自国民に対しては「テロ対策」であれば、外国人に対しては実質的にはほぼ無制限に、通信傍受が可能です。
また、Zoom 社の「鍵管理サーバ」の一部は中国に置かれており、中国政府は言うまでもなく、自国内のサーバに対してあらゆる権限を行使できます。

*

加えて、「Citizen Lab」のレポートによると、4 月頭時点の「Zoom」は、中国外の会議であっても中国の「鍵管理サーバ」から「暗号鍵」が発行されることがあったようです。

Zoom 社によると、これは、「利用者急増に対応するため、2020 年 2 月に中国のサーバを増設した際に生じたミス」によるものとのこと。
現在はすでに解決されているとのことですが、Zoom 上の通信が中国政府に筒抜けになっていた可能性があり、米国やドイツ、台湾など、多くの国の政府機関が、現在、「Zoom」の利用を停止や制限をしています。

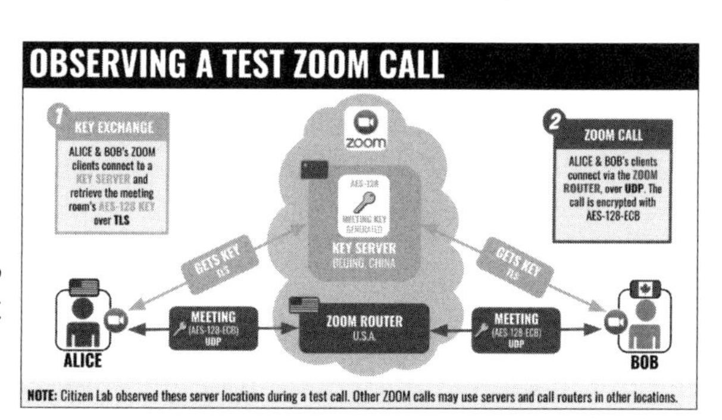

「サーバ増設時のミス」で、中国の「鍵管理サーバ」から暗号鍵が発行されるようになっていた
(「Citizen Lab」レポートより)

■ 暗号化方式にも問題あり

また、「Zoom」は「暗号化方式」にも問題がありました。

＊

「Zoom」は公式には、現在インターネットで広く利用されている「256 ビットの AES 暗号」で通信を暗号化しているため安全だと主張していました。

しかし、「Citizen Lab」のレポートによると、実際には「Zoom」上のほとんどの通信は「**128 ビットの AES**」、しかも「**ECB モード**」（Electronic CodeBook）で暗号化されていたからです。

＊

たしかに、現行のコンピュータの性能と比すれば、「AES-128」でも暗号強度は充分で、米 NIST は「AES-128」を 2030 年ごろまでは利用可能と判定しています。

ですが、Zoom 社が公式に「AES-256」と主張していた以上、これは優良誤認となります。

＊

加えて、「Zoom」の暗号化方式は、現在一般的である「CBC モード」（Cipher Block Chaining）ではなく「ECB モード」でした。

「ECB モード」は、「平文」と「暗号鍵」だけを用いて暗号化する方式で、同じ「暗号鍵」を使う場合、同じ「平文」からは常に同じ暗号文が生成されます。

そのため、「暗号化 / 復号化処理」が高速であるという利点があるものの、「CBC モード」と比べると解析 / 改ざん耐性がかなり低く、総体として見れば「Zoom」の暗号強度は、Zoom 社が主張していたよりかなり低かった、と言わざるを得ません。

第三者に会議を乗っ取られる「Zoom 爆撃」

最後に、「Zoom 爆撃」（Zoom Bombing）、つまり第三者が勝手にオンライン会議に乱入し、落書きしたり、不適切な画像を表示したり、侮辱的な書き込みや発言を行なうといった“荒らし”行為を行なう問題です。

＊

「ミーティング ID」と「パスワード」さえ入手できれば誰でも簡単に利用できるというハードルの低さは、間違いなく「Zoom」の魅力の一つです。

しかし、この参加ハードルの低さが「Zoom 爆撃」の温床となってしまいました。

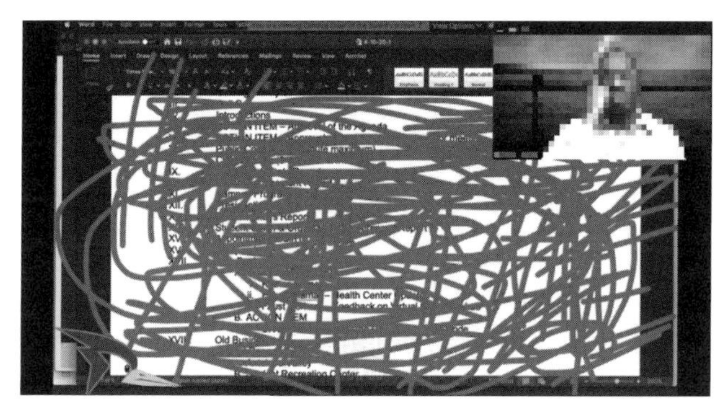

YouTube に投稿された米国のとある大学を標的とした「Zoom 爆撃」

■ 荒らしが横行した「Zoom」

「Zoom」でオンライン会議に参加するために必要な情報は、少し前までは「ミーティング ID」と呼ばれるわずか 9 ～ 10 桁の数列だけでした。

つまり、キーボードから適当に数字を入力するだけで、どこかの会議に入れてしまう可能性があったわけです。

加えて、かつての「Zoom」はタイトルバー上に、参加しているオンライン会議の「ミーティング ID」を表示していました。

そのため、ジョンソン英首相が Twitter で「Zoom」を利用したオンライン会議の画像を投稿したところ、英国内閣の「ミーティング ID」が流出してしまったというような事件も起こりました。

ジョンソン英首相の Twitter 投稿。画像を拡大すると四角で囲んだ部分に「ミーティング ID」が見える

＊

もちろん、「Zoom」のオンライン会議には「パスワード」の設定が可能(現在は「パスワード」の設定が必須) で、「パスワード」を設定しておけば、適当に入力した数字だけで第三者に乱入されるようなことはありません。

しかし、会議に招待したユーザーの中に、うかつなユーザーが一人でも混じっていれば、掲示板や公開 SNS 経由でパスワードが流出してしまうことがあります。

また、「Zoom」には「ワンクリック・リンク」と呼ばれる、URL リンクにパスワードを含めてしまう機能が搭載されていたため、「Zoom 爆撃」を防ぐのは、少し前までなかなかに難しかったのです。

■「Zoom」の設定を適切に行なえば「Zoom 爆撃」は防げる

ただし、その後「Zoom 爆撃」への対策はかなり整っています。

もっとも有効なのは「**待機室**」です。

現在の「Zoom」では「待機室」機能がデフォルトで有効になっており、「待機室」機能を利用すれば、オンライン会議に参加するユーザーをホストが手動で選別できます。

つまり、悪意ある第三者の乱入を容易に防ぐことができるわけです。

＊

また、「荒らし」によく利用される「画面共有」機能も、現在ではデフォルト値が「ホストのみ」に変更されており、この設定であれば万一、第三者に乱入されてしまった場合も、会議が荒らされてしまうことはありません。

待機室

各出席者は待機室でホストから承認を得ると、ミーティングに参加できるようになります。待機室を有効化すると、ホストの到着前に出席者がミーティングに参加できるオプションが自動的に無効化されます。

待合室に入れる参加者を選択してください。

○ すべての参加者

◉ ゲストの参加者のみ

☑ Allow internal participants to admit guests from the waiting room if the host is not present

保存　キャンセル

「待機室」などを適切に利用すれば「Zoom 爆撃」を防ぐのは難しくない

「Zoom」を利用するのは危険なのか？

2020年4月、米政府は政府関係機関で「Zoom」を利用しないよう警告を出しており、ニューヨーク市のように学校での「Zoom」使用を禁じる自治体も出てきています。

しかし、結論から言えば、「Zoom」は間違いなく非常に有用なツールです。

＊

「Zoom」の通信安全性の問題を指摘した「Citizen Lab」のレポートは、「スパイ活動を心配する政府機関」「サイバー犯罪や産業スパイの懸念がある企業」「患者の機密情報を扱う医療機関」「センシティブな問題を扱う活動家や弁護士、ジャーナリスト」は「Zoom」を利用すべきではないとしています。

しかし同時に、「Citizen Lab」のレポートは「Zoom」の有用性も認めており、「友人との交流」や「社内の（機密に関わらない）イベント」「他で公開予定がある講義」などでの利用は問題ないとしています。

＊

2019年までの「Zoom」に問題があったのは事実ですが、現在の「Zoom」のセキュリティはかなり頑張っていると言え、「Zoom爆撃」のような荒らし行為も、「Zoom」の機能をしっかり理解し、適切に利用すればほぼ防げるはず。

厳しい時期を乗り切るための有用なツールとして、しっかり役立てたいものです。

危険ななりすまし攻撃「BIAS」

あらゆる「Bluetooth 機器」を攻撃可能！

■ 御池 鮎樹

「音楽プレーヤー」や「パソコン周辺機器」などで幅広く利用されている“近距離無線通信規格”の「Bluetooth」ですが、2020年5月、「BIAS」と名付けられた極めて危険な「なりすまし攻撃」の手口が公開されました。
ここでは「BIAS」の概要と対策を説明します。

現行のすべての Bluetooth 機器を標的とするなりすまし攻撃「BIAS」

音楽プレーヤーやヘッドホン、マウスやキーボードといった「パソコン周辺機器」、さらにはスマートフォンでの「ファイル転送」などでも使われる「Bluetooth」は、もっとも広く利用されている近距離無線通信の一つです。

ですが今、Bluetooth の安全性が大きく揺らいでいます。
2020年5月、「BIAS」（Bluetooth Impersonation AttackS）と名付けられた、極めて危険な「なりすまし攻撃」の手口が公開されたからです。

＊

「CVE-2020-10135」、通称「BIAS」は、スイス連邦工科大学ローザンヌ校の研究チームによって発見されました。
「脆弱性」というより、「Bluetooth BR/EDR」の「ペアリング」と認証の“欠陥”を悪用した、「なりすまし攻撃」の手口です。

「BIAS」の標的になるのは「バージョン5.2以前」のコア仕様の Bluetooth 機器です。
「バージョン5.2」は最新の Bluetooth のコア仕様なので、2020年6月現在、現行のすべての Bluetooth 機器は「BIAS」の脅威に晒されていることになります。

加えて、同時期にミュンヘン工科大学の研究チームが、「CVE-2020-10134」という、Bluetooth の「ペアリング処理」に存在する脆弱性を報告しています。

こちらは「BIAS」ほど話題にならない、または「BIAS」の一部のように扱われていますが、「BIAS」同様「バージョン5.2以前」のコア仕様のBluetooth機器すべてを標的とし、「Bluetooth BR/EDR」以外に「Bluetooth LE」(Low Energy) にも存在する非常に危険な脆弱性です。

実際、脅威度を表わす「CVE」の「ベース・スコア」は、「BIAS」より「CVE-2020-10134」の方が高くなっています。

なりすまし攻撃「BIAS」とは

「BIAS」や「CVE-2020-10134」のような危険な脆弱性が見つかった最大の原因は、「Bluetooth」の「認証」の仕組みがもともと、"甘い"作りになっていることにあります。

＊

「Bluetooth」はさまざまな機器を対象とする「近距離無線通信規格」です。

その対象にはヘッドホンやマウスのように「入力・出力」ともにできない機器や、キーボードのように入力だけできる機器も含まれます。

ゆえに、高度な「認証処理」が難しい機器をサポートするため、「Bluetooth」の認証システムは、"甘く"ならざるを得ないのです。

加えて、「Bluetooth」は「ペアリング」で機器同士を接続します。

「ペアリング」には「PINコードの入力」や「SSP (Secure Simple Pairing) による確認」といったユーザーのアクションが必須です。

また「有効通信距離」も、一部の高出力機器を除けば、10m程度と短いため「Wi-Fi」などと比べると、認証の仕組みが全体的にかなり甘くなっているのです。

＊

では、「BIAS」とは実際にはどのような攻撃手法なのでしょうか。

その概要を説明します。

■「Bluetooth」の「ペアリング」と「認証」の仕組み

「BIAS」を理解するには、Bluetoothの「ペアリング」と「認証」の理解が必要です。

＊

Bluetooth機器の「ペアリング」および認証は、双方のBluetooth機器の「**BDアドレス**」(Bluetooth Device Address)と、「**リンク・キー**※」を利用して行なわれます。

※「Bluetooth LE」の場合は「**LTK**」(Long Term Key)

「**BDアドレス**」は、Wi-Fi機器の「MACアドレス」に相当するBluetooth機器の「固有識別子」、「**リンク・キー**」は、接続時の認証でパスワードとして使う「128ビット」の文字列です。

Bluetooth機器同士で「ペアリング」すると、どちらか一方のBluetooth機器が「マスター」、もう一方が「スレーブ」となり、両者の間で「リンク・キー」が作られます。

一度作成された「リンク・キー」は、ペアリングが解除されるまで変わらず、「BDアドレス」と紐付けられて「マスター」と「スレーブ」、双方がこれを保存。

以後、いわば「BDアドレス」を「アカウント名」、「リンク・キー」を「パスワード」として「Bluetooth接続」の認証が行なわれます。

■「接続方式ダウングレード」と「Role switch」ですべての「Bluetooth機器」が攻撃可能

では、「BIAS」とはどういう攻撃手法なのでしょうか。

「Bluetooth接続」で「なりすまし攻撃」をするには「**BDアドレス**」と「**リンク・キー**」が必要ですが、「BDアドレス」は「Wi-Fi」の「MACアドレス」と同じ「公開情報」なので、Bluetooth通信の「非暗号化パケット」を盗聴すれば容易に取得できます。

一方、「リンク・キー」は暗号化されているため簡単には盗み出せず、そのままでは「なりすまし攻撃」は成立しない――ように見えます。

しかし実は、いずれかのBluetooth機器のコア仕様が「バージョン2.0

以前」の場合、その Bluetooth 接続は古く脆弱な「**Legacy Secure Connection**」と呼ばれる方式で行なわれます。

そして、「Legacy Secure Connection」は「双方向認証」を義務づけていないため、「マスター」側の「BD アドレス」を偽装すれば、「リンク・キー」がなくても、「スレーブ」側と Bluetooth 通信が出来てしまうのです。

加えて、Bluetooth 接続では「**Role switch request**」を送信することで、「マスター」と「スレーブ」の「入れ替え」をリクエストできます。

つまり、偽装したのが「スレーブ」側の「BD アドレス」でも、「Role switch request」で「マスター」と「スレーブ」を入れ替えれば、もとは「マスター」側だった Bluetooth 機器とも「リンク・キーなし」で通信できてしまうのです。

*

以上のように、「Legacy Secure Connection」のセキュリティは極めて脆弱です。
それゆえに Bluetooth 規格の標準化を行なう「Bluetooth SIG」(Bluetooth Special Interest Group) は、「**Bluetoothコア仕様バージョン2.1**」で、「**FIPS承認アルゴリズム**」を使って暗号化する「SSP」(Secure Simple Pairing)を導入。
「バージョン 2.1 以上」の Bluetooth 機器同士の接続は、「Secure Connection」という安全性の高い方式で行なわれるようになりました。

ただし、「Secure Connection」なら安心かといえば、実はそうではありません。

Bluetooth 機器の中には、「ファーム・ウェア」のアップデートが難しいなどの理由で、「Secure Connection」に対応できない機器があります。
そういった「非対応機器」のサポートのため、Secure Connection」には接続方式を「ダウングレード」できる仕組みが備わっているのです。

つまり、「Secure Connection」方式でも、「BD アドレス」を偽装して「ダウングレード・リクエスト」を送れば、接続方式を「Legacy Secure Connection」にできるので、「BIAS」による「なりすまし攻撃」は成立します。

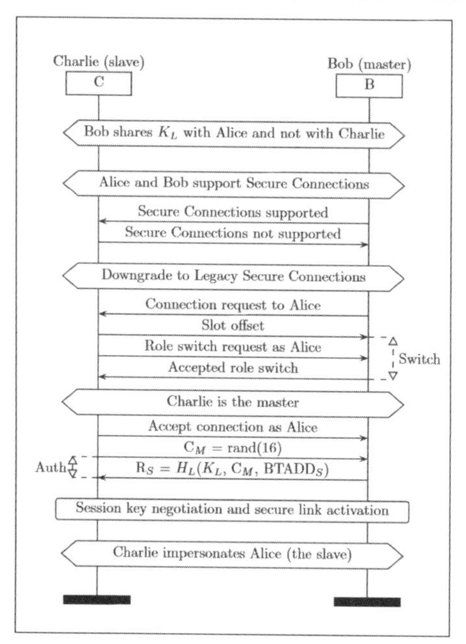

もっとも安全な「Secure Connection」下の「スレーブ」でも、「接続方式のダウングレード」→「『マスター』と『スレーブ』の入れ替え」をすれば「BIAS」による攻撃が成立する

「修正パッチ」のリリースまでは「Bluetooth」をOFFにするのが無難

このように、「BIAS」は2020年6月現在、最新の「Bluetoothコア仕様バージョン5.2」でも実行可能な、恐るべき「なりすまし攻撃」です。

現行のBluetooth機器はすべて「BIAS」の攻撃対象であり、「修正パッチ」は「Bluetooth SIG」がコア仕様をアップグレードし、機器メーカーが「ファーム・ウェア」などのアップデートをするまで待つしかありません。

なお、「Bluetooth SIG」は近日中に、「Legacy Secure Connection」での「双方向認証」や、認証なしでの「Role switch request」の禁止などの対策を講じた新コア仕様を策定予定です。

とはいえ、新コア仕様が公開され、実際の製品の「ファームウェア・アップデート」などで利用できるまでは、少し時間がかかるでしょう。

Bluetooth SIG

＊

Bluetooth の有効通信距離は 10m 程度と短いですが、飲食店やスーパー、電車内など不特定多数と接近する機会は決して少なくありません。

残念ながら「修正パッチ」がリリースされるまで、Bluetooth 機器は危険に晒され続けることになるので、スマートフォンなどでは Bluetooth 機能を「オフ」にしておくべきです。

必要な場合のみ、周囲の安全を確認した上で、一時的に「オン」にするといいでしょう。

なお、Bluetooth 機器の中には「設定」で、「Secure Connection Only」モードにできるものもあります。

「Secure Connection Only」モードなら、「Bluetooth コア仕様バージョン 2.0 以前」の機器とは接続できないものの、「BIAS」の被害に遭うことはなくなり、安全です。

すでに現実化している「GPS」の妨害・偽装

「GPS 監視」は悪用されないか

■ 御池 鮎樹

世界中を驚かせた日産のゴーン元会長の国外逃亡によって、以前にも増して注目を集めるようになった「GPS 監視」。
ですが、「GPS」のセキュリティは意外と脆弱で、その信頼性には懸念の声も上がっています。

注目が高まる「GPS 監視」

2019 年末、師走の忙しい時期に報じられたとあるニュースは、日本のみならず世界中を驚かせ、大きな騒ぎとなりました。

日産自動車のカルロス・ゴーン元会長が、秘密裏に日本を出国し、レバノンの首都ベイルートに“脱出”したというニュースです。

＊

この事件を受けて、法務省は「保釈制度」の見直しを発表。

中でも目玉となっているのが、保釈中の被告人逃亡防止のため欧米先進国で広く利用されている「**GPS 監視**」の導入です。

「人工衛星」を利用して現在地を割り出すシステムは、米国の「GPS」（Global Positioning System）だけでなく、ロシアの「GLONASS」、中国の「北斗」、欧州の「Galoleo」、日本の「みちびき」（準天頂衛星システム、QZSS）やインドの「NavIC」など複数あります。

そのため、国土地理院はこの種のシステムを、一固有名詞にすぎない「GPS」ではなく、**「GNSS」（Global Navigation Satellite System、衛星測位システム）**と呼称しています。

とはいえ、一般には「GPS」という固有名詞が「GNSS」全体の“通称”として使われている例が非常に多いため、本稿も「GPS」としています。

「GPS」の基本と弱点

「GPS 監視」は、「GPS」を利用して保釈中の被告人をデジタル監視する技術、またはシステムです。

ただし、ベースとなる「GPS」に対しては昨今、セキュリティの脆弱さを懸念する声が高まっています。

「GPS」は弱点の多い技術だからです。

■ 衛星からの微弱な電波で測位する「GPS」

まず「GPS衛星」ですが、「GPS衛星」の役割は、測位の材料となる「GPS信号」を地上に発信することです。

*

誤解されることもありますが、「GPS信号」に含まれているのは「**衛星の位置**」(正確には衛星コード=軌道情報)と「**時刻**」(「原子時計」を使った極めて正確な時刻)の情報だけで、**「現在地」の情報は含まれていません**。

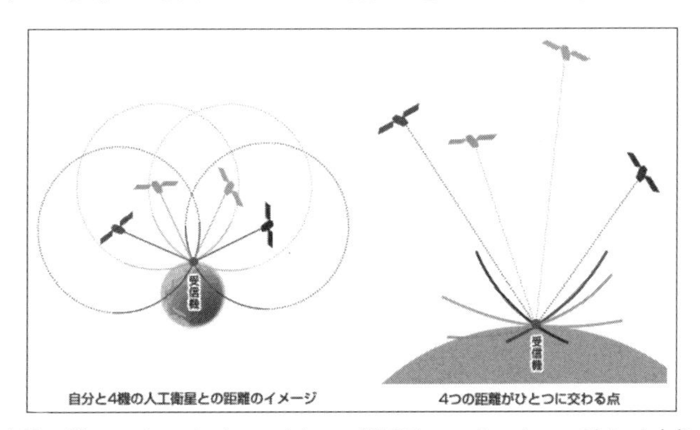

http://www.jaxa.jp/countdown/f18/overview/gps_j.html より

*

一方「**GPS受信機**」ですが、「GPS受信機」の役割は、「GPS衛星」から送られてきた「GPS信号」を受信し、これを元に実際に「現在地」の測位を行なうことです。

「GPS信号」には、「信号を送信した衛星の位置」と、「信号を送信した時刻」の情報が含まれているので、**「GPS受信機が信号を受信した時刻」との差から、「GPS衛星」までの距離**が割り出せます。

そして、4つ以上の「GPS信号」が受信できる、すなわち4つ以上の衛星までの距離が測定できれば、**その交点として現在地**が決定できる、というのが「GNSS」の大まかな仕組みです。

■ GPSの弱点

「GPS」は、地球上の位置を数十cm～数十mの精度で測位できる、非常に有用な技術です。

しかしながら、数万kmも離れた場所から送信される微弱な電波を元に測位を行なうため、多くの弱点があります。

＊

GPSの最大の弱点は、私たちもスマートフォンなどで日常的に体感していますが、「**障害物**」に対する弱さです。

GPSによる測位は、「受信できるGPS信号の数」で精度が大きく左右されます。

そのため、周囲に障害物がない屋外であればかなりの精度が期待できますが、屋内では精度が大幅に低下します。

＊

加えて、屋外であってもGPSの精度は、周囲の障害物に大きく左右されます。

ビル街のように、周囲の障害物が電波を反射してしまうような場所では、「GPS電波」が届く経路が複数になる（**マルチ・パス**）ため、正確な測位が難しくなります。

＊

そして、微弱な電波を使うという性質ゆえに、「GPS信号」は簡単に**「妨害」（jamming）**や**「偽装」（spoofing）**ができてしまいます。

GPS信号の電力は実は「100ワット」程度で、「2万km以上離れた100ワット電球」をイメージすれば、その妨害や偽装がいかにたやすいか容易に想像できるはずです。

実際、近距離であれば手の平に収まる程度の機器で、GPS信号は簡単に上書きできてしまうのです。

「GPS」を騙す「GPSスプーフィング」

「GPSなんて偽装しても意味がないのでは？」と思うユーザーもいるかもしれません。

ですが、「GPS」はすでに私たちの社会の基幹技術であり、今後のAI

社会を支えるキー技術でもあり、野放図に偽装されると大変なことになります。

加えて、GPSはもともと軍事用に開発された技術で、軍事分野において位置情報は、一般社会とは比較にならないほど重大な意味をもちます。

*

いくつか実例を紹介します。

■サンディエゴを混乱させた米海軍の訓練

GPSの「妨害」や「偽装」が現実世界で初めて大きな問題となったのは、おそらく米国サンディエゴ市の事例です。

2007年1月、サンディエゴ市の広いエリアで突然、GPSが利用できなくなったのです。

*

この事件の原因は、実はサンディエゴ海軍基地で軍が行なっていた訓練でした。

この訓練は、通信不能に陥ったときの対応手順を確認するもの。

状況をシミュレートするため、船の無線機を利用して、無線信号にジャミングをかけたのですが、その際に誤って「GPS信号」まで妨害してしまったのです。

軍艦とはいえ、わずか一隻の船舶が広範囲をジャミングできてしまうGPSの脆弱性に、懸念の声が多く上がりました。

■現在も継続している北朝鮮の攻撃

北朝鮮はこれまで何度も、韓国に対して「**GPS妨害**」による攻撃を行なっています。

断続的に現在まで続いていますが、特に激しかったのが、2011年と2012年に、韓国の首都ソウルを標的にして行なわれた攻撃です。

この時期の攻撃では、同地域の「モバイル通信網」や「航空管制システム」にたびたび障害が発生し、2012年5月の攻撃では試験飛行中の無人ヘリコプターが制御不能となって墜落する事故が起こっています。

■米国のドローンを鹵獲したイランの「GPSスプーフィング」

2011年11月、イランは米国のステルスドローン「RQ-170 センチネル」を鹵獲したと発表しました。

いったいイランはどのようにして、米国の誇る最新鋭機を無傷で捕獲したのでしょうか。

その答えが「GPSスプーフィング」です。

＊

イランによると、「RQ-170」の鹵獲は、過去にイラン軍が事故や撃墜で鹵獲したドローンの分析をベースに、「通信妨害」と「GPSスプーフィング」の二段構えで行なわれたようです。

具体的には、まず「通信妨害」で「RQ-170」の通信リンクを切断し、外部からの操作を受け付けないようにします。

そして、自律飛行となった「RQ-170」に、「GPSスプーフィング」で現在地を自軍基地と"誤認"させることで、イランは敵軍の最新鋭機をほぼ無傷のまま着陸させることに成功しました※。

> ※「RQ-170」鹵獲事件についてのイランの説明はあくまで概要に留まっており、実際にはここまで簡単な話ではなかった可能性が高い。
>
> 軍用機のセキュリティは高く、軍用機が利用するGPS信号も、民間用と違って暗号化されているからだ。

■「GPSスプーフィング」の研究を進めるロシア

最後にロシアです。

もちろん公式には認めていませんが、ロシアは「GPSスプーフィング」を、すでに実戦投入していると考えられる国の1つです。

＊

2017年6月、黒海を航海中の複数の船舶が、GPS機器の異常を検知しました。

黒海航行中であるにもかかわらず、いずれの船も現在地が数十kmも離れた「空港」と表示されたのです。

同種の異常はその後も、現在に至るまで多くの船舶で確認されており、2017年～2019年の2年間だけで一万件以上の報告が上がっています。

＊

ちなみに、「空港」に偽装される理由は、おそらく「**ドローン対策**」です。

現在市販されているドローンの多くは、「空港付近」では飛行できないようにプログラムされています。

つまり、現在地を「空港」に偽装すれば、ドローンは飛行できなくなるわけです。

身近にもあるGPSの妨害や偽装

GPSの「妨害」や「偽装」はもっと身近なところでも、すでに当たり前のように行なわれています。

＊

もっとも多いのは端末上でのソフトウェア的な偽装、たとえば「ポケモンGO」のような位置情報を利用するゲームの「**チート行為**」です。

同様に、こちらは少し悪質なケースですが、「**ポイント取得**」に「GPS偽装」が悪用される例もあります。

この種の事件では2018年11月、イオンから「GPS偽装」を悪用して538万円ぶんもの「来店ポイント」を騙し取ろうとして逮捕された事件が有名です。

＊

以上の例は、端末内でソフトウェア的に行なわれる偽装や妨害なので、周囲に被害が及ぶようなことはありません。

ですが、電波それ自体の「妨害」や「偽装」も、実はすでに珍しくなくなっています。

典型例は、いわゆる「**ロケーション・ハラスメント**」対策です。

最近は日本でも珍しくないですが、雇用主の権利が強いアメリカでは、GPSが一般的になるやいなや、社員にこれをもたせて行動を監視する企業が続出しました。

一方、社員側は、これを妨害するため「**GPSジャマー**」、すなわち**GPS妨害装置**を利用。

米国では「GPSジャマー」は、「**PPD**」(Personal Privacy Device)と呼ばれて一時、飛ぶように売れました。

難しいGPSの「妨害」「偽装」対策

「ロケーション・ハラスメント」の対策に利用される「GPSジャマー」のような機器は、今後深刻な脅威となり得る可能性があります。

なぜなら、電波強度にもよりますが、この種の機器を使った「GPS妨害」や「偽装」の効果は、周囲にも及ぶからです。

*

たとえば、「**自動運転車**」です。

もし自動運転車の隣に「GPS偽装機」を搭載した車が並んだら、どうなるでしょうか。

もちろん、自動運転車はGPSだけで自車の現在位置を把握しているわけではありません。

しかし、瞬時の判断が生死を分ける自動運転車にとって、GPSの「妨害」や「偽装」は大きな脅威です。

*

とはいえ、GPSの脆弱性解消は、実はかなり困難です。

たとえば、「GPS信号の暗号化」は有効なセキュリティ対策ですが、これには「GPS衛星」の更新が必要になります。

もう一度「GPS衛星」を打ち上げ直す必要があるわけで、膨大なコストと時間がかかります。

一方、「GPS受信機」の「指向性アンテナ化」※は、受信機側の更新だけですむので比較的現実的な対策です。

ただし、この対策は「固定された受信機」のための対策で、モバイル端末では意味がありません。

> ※ 正規のGPS信号が「空」から送信されるのに対して、妨害・偽装信号の多くは「地上から」発信される。
>
> そのため、「GPS受信機」のアンテナに指向性をもたせ、「地上から」の信号を無視するようにすれば、GPS妨害や偽装を防ぐことができるようになる

そもそもGPSは1970年代に開発がスタートし、順次更新されてはいるものの、1997年に打ち上げられた衛星が未だに現役という古いシステムで、GPSの脆弱性対策はなかなか難しいと言わざるを得ません。

終章

未来の通信技術

人から機器に主役が変わり人の暮らしが豊かになる ■ 瀧本 往人

通信技術の話題の中心は、今は「スマートフォン」ですが、以前は「パソコン」でした。
これからの10年は「5G」から「6G」に向かい、「IoT」「ロボット」「コネクテッド・カー」など多様な機器が主役となります

「5G」までの通信技術

無線通信の技術的進展のステージは「5G」の時代に入り、さらに「6G」のことまで話題にのぼりはじめています。

まず、今までの40年間にどういった変遷があったのか、大枠を振り返っておきましょう。

*

「1G」は、**1979年**にアナログ回線の無線電話サービスの商用化からはじまります。
まだ「携帯電話」という言葉がなく、「移動電話」「自動車電話」として実用化されます。

1990年にはデジタル化が実現し「PDC」(パーソナル・デジタル・セラー)と呼ばれますが、これが「**2G**」です。

2000年には「W-CDMA」や「CDMA-2000」など、広く「ケータイ」が普及しますが、これが「**3G**」です。

*

ここまでは、およそ10年単位で世代を上げています。
しかし、1秒当たりの最大通信速度でみると、「2G」では「**数kbps**」程度だったのが、「3G」では当初で「**数100kbps**」になっています。

その後、**2010年**に登場し「3.9G」と見なされた「**LTE**」で「数10Mbps」になります。

そして、「4G」として2014年に定められた「LTE-Advanced」では「数100Mbps」の大台に乗り、「スマホ」の時代となりました。

「4G」から「5G」へ

「4G」の特徴としては、

---

① 通信速度が50Mbps～1Gbps
② IPv6対応
③ 固定通信網とのシームレスな運用

が挙げられます。

技術的には「3G」との差別化がしにくく、大雑把に言えば、「高速化」や「低遅延化」が進んだ、と言える程度です。

ただし、使用面から見れば、通話機能の優先度が下がり、「SNS」「動画視聴」「ゲーム」の需要が高まり、大きな変化をとげました。

私たちのライフスタイルが劇的に変わり、通話の機会が減る一方で、小さなモニタを常に見続けるという習慣が一般化し、「歩きスマホ」は社会問題化するに至りました。

また、最近では「キャッシュレス決済」(アプリ)の利用の増加も目立ち、「デジタル・ウォレット化」も進んでいます。

*

そして、最新の「5G」については、国内では2019年末にプレサービスが開始され、2020年に稼働が開始されました。

結果的には、10年間隔の世代アップデートのタイミングが維持されています。

■「5G」の技術

「5G」は、技術的には、

① 大容量化、② 多接続化、③ 低遅延化

の3点を特徴としています。

これだけ見ると、「4G」との違いが分かりにくいのですが、「5G」の場合、①と②③との意味合いが少し異なります。

これまでの世代の変遷からすると、「大容量化」の説明が最も分かりやすいのですが、「5G」は「①大容量化」した結果、IoT機器など、数多くの端末が「②多接続」できるようになります。

また、「③低遅延」によって医療処置の遠隔操作への利用など、用途が広がります。
この2つが大きな特徴と言えます。

「4G」と「5G」との共存

「5G」がこれまでの世代のアップデートと大きく異なる点は、「4Gとの併用が必須」ということです。

*

当初は、必須であるばかりか、あくまでもメインの通信環境は「4G」であり、「5G」は一部で利用されるもの、という位置づけでした。

「5G」は、利用する周波数帯が30～300GHzの周波数「ミリ波」や、6GHz未満の周波数帯を表わす「Sub-6」といった、あまり距離が届かない高周波を使います。

高周波帯域の利用は、通信速度の向上にはプラスに働きますが、カバーできる範囲は狭まり、また、障害物に弱いという弱点を持っています。

そのため、従来よりもアンテナ数を増やすとともに、射程範囲にある端末に集中的に電波を向かわせる「ビームフォーミング」を導入するなど、解決策が模索されてはいます。

しかし、少なくともそのぶんのコストが上乗せになることは間違いありません。

そろそろ情報通信技術も成熟の段階に入り、飛躍的な変化を必要としなくなってきたのです。

*

かつてテレビは、白黒からはじまり、カラー化を経て、録画が可能になり、デジタル化とともに高画質化してゆき、最近では先端の「4K」や「8K」をウリにしています。
それでも、すでに市場は落ち着いているのと似ている状況かもしれません。

違うとすれば、無線通信の世界は生活や産業のインフラであるため、公共性がきわめて高いということです。
したがって、「道路交通網の整備」と近いところがあります。

高速化が求められる部分もあれば、とにかくつながっているところがあれば良いところも、特殊な用途であるにもかかわらず必要とされているところもあります。

すべてが同じ仕様で統一的に網羅されるというのではなく、いくつかのパターンに応じて使い分けられることになります。

*

そもそも、道路交通網では、今後、自動運転や「コネクテッド・カー」はもちろん、各種通信サービスが幅広く展開されるでしょう。

そうなってくると、主要道路の最も重要な整備ポイントは、無線通信網となるはずです。

また、「5G」の戦略の１つは、「国土全域」のカバーではなく、「ローカル」な活用となっています。
もちろん「ローカル」にはこうした道路交通網や大都市圏も含まれていますが、少なくとも当面の「5G」の活用は、局地に限定されます。

「5G」の「周波数帯域」利用の特徴

「5G」の多くの部分は「4G」の技術を継承していますが、まったく異なるところもあります。

それは、「LTE」と新たに設定された周波数帯域を利用した「5G」の「NR」(ニューラジオ)との違いです。

「LTE」の基地局は、「4G」から「5G」への移行期には、今までどおり「LTE」による通信を行ない、「NR」には、それとは異なるインフラを新たに用意します。

将来、「5G」が広く使われるようになったとしても、「LTE」基地局はこれまでどおり「LTE」(の発展形)の通信を行うとともに、並行して「NR」通信も行なうという予定です。

つまり、「5G」とは、さまざまな周波数帯や無線技術から構成されるものなのです。

*

第一に、「周波数帯」は「高周波帯域」以外にも、既存の「800MHz」や「2GHz」なども活用されます。

「既存の周波数帯」で「制御信号」を扱い、広帯域が確保しやすい「ミリ波」などの高い周波数帯で「ユーザーのデータ」を扱うことで、「モビリティ」や、「安定した品質」を確保しようという考え方です。

また、**第二**に、「NR」「LTE」「Wi-Fi」など、さまざまな無線技術が併用されます。

導入当初の「5G」は、「NR」と「高度化したLTE」(＝eLTE)が連携して一体的に動作するような無線アクセスネットワーク(NSA：Non Stand Alone)が検討されています。
これは既存の「LTE」ネットワークの基盤を有効活用するためなのです。

「5G」から「6G」へ

「5G」だけで充分に未来技術だと思いますが、すでに「6G」も話題に上っています。

＊

米トランプ大統領が「6G」の早期実現の希望をSNSでささやいたり、国内では、総務省の「電波有効利用　成長戦略　懇談会」が、さまざまな将来構想を描いたりしています。

公式な動きとしては、「ITU」(国際電気通信連合)が、2030年の「6G」実現を目指す「フォーカス・グループ」(FG NET-2030)を立ち上げています。

ここでは「総務省」の資料をもとに今後どういったことが期待されているのかを見てみましょう。

この懇談会では、「5G」から「6G」への主な目標値は、次のように設定されています。

	5G	6G
帯域	マイクロ波（ミリ波）	テラヘルツ（可視光通信）
伝送容量	10Gbps～	10Gbps～
遅延	1msec	1msec以下
接続密度	100万台/㎢	1,000万台/㎢
時期	2020～30年	2030～40年

すでにNTTは、**2019年11月**に通信速度がこれまでの「数10Gbps」から「数100Gbps」にステップアップできる技術的道筋ができたことをアピールしました。

もちろん、これも、通信速度の向上自体にただちに実益があるのではなく、IoT機器によるトラフィックの増大に対応することが大きな目標です。

6G 社会のビジョン

懇談会の資料によれば、「6G」が利用される時代の社会イメージとメガトレンドは、次の4点にまとめられます。

① 軽労・高度生産　←　生産性の向上
② スマート消費　←　接続可能性の追求
③ 自産自消　←　個の力の増大
④ リアル・サイバーの融合　←　つながりの深化

これらを実現するベースとして、「6G」プラス、

① ロボティックス（さまざまなロボット活用）
② スマートコントラクト（契約の自動化）
③ フルパーソナライズ（各個人のニーズや嗜好に沿った能動的サービス消費）
④ CPS（サイバー・フィジカル・システム、現実空間のデータをサイバー空間で適切に処理して改めて現実空間で活用すること）

がそれぞれを支える、ということになります。

*

たとえば、現在進められている「働き方改革」。

これは、**2020年代**には「生産性改革」として、トヨタやヤマト、キヤノンなどの大企業は「5G」とともにIoTやロボットによる自動化が進んだ工場やオフィスをもつ「Society5.0」対応を進めようとしています。

これが**2025年**になるとIoTやロボットが中小企業にも普及します。
それとともに、自動宅配や介護・災害ロボが活用され「ヒトの補完」化が社会に定着します。

さらに**2028年**には農作業をはじめとして工事現場その他の場所で作業ロボットが実用化されます。

*

こうしたプロセスを経て**2030年**には、「6G」が用意されます。
完全自動運転トラックや自動翻訳が当たり前になり、一家には1台パーソナルアシスタントロボットが使われるようになる、という流れが想定されています。

無線通信ネットワークと6G

無線通信の分野は、「5G」では、単方向での超大容量と超大量接続、超低遅延のネットワーク化が目指され、「6G」では、大容量化が双方向で可能になります。

また、「5G」では、IoTが普及しはじめ、さまざまな機器に無線機能が搭載されます。
しかし、「6G」では、通信に必要なモジュールがあらゆるものに溶け込み、ユーザーは端末を意識せずに通信を利用しはじめます。

さらに「5G」では、低遅延が求められるアプリにも無線が使われ、B2Bサービスが多様化しますが、「6G」では、さらに広範囲でアプリの無線化が進みます。
高速移動する機器や媒体の遠隔操作や、完全自律型のロボットが登場します。

*

社会としては、「5G」は、人間のコミュニケーション技術ばかりでなく機器制御の側面が重要視され、暮らしの豊かさや産業の生産性に影響をもたらします。

「6G」では、さらに、人間と物の動きに依存して生産性が低下してしまうような事態が解消する、と期待されています。

*

「5G」では、大都市圏中心または全国一元化よりもローカルな利用に比重が置かれます。

それに対して、「6G」では、ネットワークが個々人のニーズや感性に呼応する、フルパーソナル化が実現すると目されています。

無線電力伝送と6G

早期実現が期待される「ワイヤレス電力伝送」ですが、「5G」は「フルワイヤレス」化、すなわち「機器間における短距離」や「小電力の屋内外」での給電の実現を目指します。

家電や機器間で、「通信」と「ワイヤレス給電」の融合が進み、「バッテリ」のない状態でネットワークを組めるようになります。

*

また、自動車やドローンには、自宅の駐車場に設置した給電設備から充電したり、スタンドや駐機場に設置された自動給電施設からワイヤレス充電できるようになります。

	フルワイヤレス	バッテリレス
電　力	数W～	数10kW～
伝送距離	単方向/1対1給電	双方向/1対多給電
時　期	2020～30年	2030～40年

これが「6G」では、「バッテリレス」すなわち「長距離・大電力の屋外給電」のインフラ化が目指されます。

あらゆる場所に給電設備が整備され、「バッテリレス端末」も実用化されます。
対応端末や設備とネットワークが融合するので、真の「スマート社会」が実現する、と言えるでしょう。

「家庭内電源」もワイヤレス化が進み、EVも走行中に給電ができるようになります。
建物に「通信」や「電力」の配線がなくなり、「太陽光」や「風力発電」の施設から「送電線」が消え去ります。

これらが、これから20年後に「6G」がもたらす社会のイメージです。

索　引

五十音順

《あ行》

あ 暗号化……38
い イアース……11
位置情報……103
一般データ保護規則……29
え エッジ・サーバ……60
エンド・ツー・エンド……114
お オンプレミス……46
オンラインストレージ……11,31

《か行》

か 開示請求……115
画面共有……118
き 機械学習……20
ギガファイル便……37
く クラウド……8
クラウドアプリ……42
グラント・フリー……62
こ コロナ接触確認アプリ……102

《さ行》

さ サース……10
最大転送速度……94
サテライト・オフィス……81
し 自動運転車……132
情報通信技術……74
触感型インターフェイス……69
シン・クライアント……51
す スケールアウト……12
せ 専用ネットワーク……9
そ 相互接続性……88

《た行》

た 対応周波数帯……95
待機室……118
て 低遅延……60
データセンター……28
テレワーク……65,74
伝送時間間隔……60
と トライバンド……96
トロイの木馬……106

《は行》

は パース……10
ハイブリッド・クラウド……10
パブリック・クラウド……9
ひ ビーム・フォーミング……59
ふ フィッシング詐欺……106
プライバシー……109
プライベート・クラウド……9
プラチナバンド……58
へ ペアリング……120

《ま行》

む 無線 LAN 規格……94
無線 LAN ルータ……94
無線電力伝送……141
め メッシュ……92,98

《ら行》

り リピータ……92
リモート型社会……65
リンク・キー……122
れ レンダリング・ファーム……50
ろ ロケーション・ハラスメント……131

数字・アルファベット順

《数字》

1024QAM……90
2.4GHz 帯……89
4G LTE……56
5G NR……56
5GHz 帯……89
6G……133

《A》

Aarogya Setu……107
AES……116
Amazon Cloud Drive……36
Amazon Web Service……15
AWS……15
Azure……16
Azure App Service……18

《B》

BD アドレス……122
BIAS……109,120
Bluetooth……103
Body Sharing……69

《C》

CBC モード……116

Cloud9 …… 19
COCOA …… 102
Coginitive サービス …… 21

《D》

Dropbox …… 36

《E》

EC2 …… 15
ECB モード …… 116
EHTERAZ …… 107
ERP …… 29
Exposure Notification API …… 104

《F》

Face Sharing …… 68
Facebook 連携機能 …… 113
FIPS 承認アルゴリズム …… 123

《G》

GCP …… 16
GDPR …… 29
GNSS …… 126
Google App Engine …… 16
Google Cloud Platform …… 16
Google Drive …… 35
Google Web Toolkit …… 16
GPS …… 126
GPS ジャマー …… 131
GPS スプーフィング …… 128
GPS 妨害 …… 129
GPU クラウド …… 45
GWT …… 16

《I》

Iaas …… 11
iCloud …… 31
ICT …… 74
IntelliJ IDEA …… 20
IPv6 …… 99

《L》

Lambda …… 20
Legacy Secure Conection …… 123

《M》

MAC アドレス …… 122
Massive MIMO …… 58
MEC …… 60
MEGA …… 38
MU-MIMO …… 63

《N》

Nest Wifi …… 93
NSA …… 64

《O》

OFDMA …… 90
OneDrive …… 32

《P》

Paas …… 10
PPD …… 131
PWA …… 44

《R》

Role switch request …… 132

《S》

S3 …… 15
SaaS …… 10
SageMaker …… 20

《T》

Teams …… 87
TPU …… 21
TraceTogether …… 106
TTI …… 60

《U》

UCaaS …… 27
UNC パス処理 …… 112
UnlimitedHand …… 69

《V》

Visual Studio …… 19
VPN …… 9

《W》

Web アプリケーション …… 42
Wi-Fi 6 …… 89
Wi-Fi Alliance …… 88
WLAN …… 89

《Z》

Zoom …… 83,111

[執筆者]

英斗恋
御池 鮎樹
勝田 有一朗
清水 美樹
瀧本 往人
初野 文章
某吉

≪質問に関して≫

本書の内容に関するご質問は、

①返信用の切手を同封した手紙
②往復はがき
③FAX(03)5269-6031
（ご自宅の FAX 番号を明記してください）
④E-mail　editors@kohgakusha.co.jp

のいずれかで、工学社 I/O 編集部宛にお願いします。
電話によるお問い合わせはご遠慮ください。

I/O BOOKS

ネット技術の新常識

2020年8月30日　初版発行　ⓒ 2020

編　集	I/O 編集部
発行人	星　正明
発行所	株式会社 **工学社**
	〒160-0004 東京都新宿区四谷4-28-20 2F
電話	(03)5269-2041(代)[営業]
	(03)5269-6041(代)[編集]
振替口座	00150-6-22510

※定価はカバーに表示してあります。

[印刷] シナノ印刷（株）

ISBN978-4-7775-2118-0